강미선쌤의 개념 잡는

곱셈 비법

강미선 지음

하우매쓰

강미선쌤의 개념 잡는 곱셈 비법

개정판 1쇄 발행 2021년 2월 22일
개정판 2쇄 발행 2024년 3월 1일

지은이 강미선
발행인 강미선
발행처 하우매쓰 앤 컴퍼니
편집 이상희 | **디자인** 박세정 | **일러스트** 이민진
등록 2017년 3월 16일(제2017-000034호)
주소 서울시 영등포구 문래북로 116 트리플렉스 B211호
대표전화 (02) 2677-0712 | **팩스** 050-4133-7255
홈페이지 https://m.cafe.naver.com/howmaths | **전자우편** upmmt@naver.com

ISBN 979-11-967467-7-3(63410)

■ 이 책은 스콜라스(주)에서 나온 〈곱셈 비법〉의 개정판입니다

차례

비법 시리즈의 특징

1. 수학적 원리를 바탕으로 합니다

「비법 시리즈」에 담긴 덧셈, 뺄셈, 곱셈, 나눗셈 계산 방법은 자연수 계산의 기본 핵심 원리인 '십진법'과 '자리값'을 바탕으로 합니다. 또한 사칙계산 사이의 관계, 즉, 뺄셈은 덧셈의 역이며 나눗셈은 곱셈의 역이라는 사실을 이용합니다. 이러한 수학의 기본 원리와 관계를 바탕으로 하기 때문에 「비법 시리즈」로 공부하면 계산 실력은 물론, 수학적 사고력 향상에도 큰 도움이 됩니다.

2. 그림을 사용해서 수학적 이해를 높입니다

「비법 시리즈」에서는 시계, 동전, 바둑돌, 모눈 등의 그림을 사용합니다. 글로 된 설명이 너무 길거나 복잡하면 일단 '어렵겠다', '재미없겠다'는 생각부터 들지만, 그림이 나오면 '쉽겠는데?', '재밌겠다'는 생각이 듭니다. 원이나 정사각형 같은 도형과 연산은 서로 별개라는 편견도 사라집니다. 또한, 그림을 보면서 계산 과정을 직관적으로 이해할 수 있고, 사진 찍듯이 머릿속에 모습을 기억하기도 쉽습니다. 따라서 「비법 시리즈」로 공부하면 수학에 대한 흥미와 이해를 높일 수 있습니다.

3. 영역을 넘나들며 개념을 서로 연결합니다

「비법 시리즈」는 수학적으로 서로 연결된 내용을 자기도 모르게 자연스럽게 익히도록 합니다. 직사각형으로 배열된 바둑돌의 개수를 셀 때 가로로 세든 세로로 세든 개수에는 상관없다는 것을 누구나 알 수 있습니다. 이런 상황은 '덧셈에서는 교환법칙이 성립한다'는 수학적 지식을 자연스럽게 터득하게 합니다. 또한 이것은 직사각형의 넓이를 구하는 것으로 이어집니다. 도형과 계산이 서로 연결되는 것입니다. 또한 곱셈에서 사용된 상황이 그대로 나눗셈으로 연결되면서, 몫의 의미와 세로 나눗셈의 과정에 대한 이해를 높입니다. 따라서 「비법 시리즈」로 공부하면 수학의 여러 영역이 사실은 서로 연결되어 있다는 것을 깨달을 수 있습니다.

4. 여러 학년 내용을 단기간에 학습할 수 있습니다

「비법 시리즈」의 한 권 안에는 몇 년에 걸쳐 배우는 내용들이 모두 들어 있습니다. 『덧셈 비법』은 한 자리 수끼리의 덧셈에서 시작해서 받아올림이 여러 번 있는 세로셈까지, 『뺄셈 비법』은 가장 간단한 뺄셈에서 받아내림이 있는 세로셈까지, 『곱셈 비법』은 구구단에서부터 세로셈까지, 『나눗셈 비법』은 나머지가 없는 간단한 나눗셈부터 나머지가 있는 긴 세로 나눗셈까지 모두 담겨 있습니다. 한 권 안에 이런 내용들을 다 담았기 때문에, 「비법 시리즈」를 교재로 사용하면 짧은 시간에 몰입하여 자연수 계산 원리를 터득할 수 있습니다.

5. 중학교 수학과 이어집니다

「비법 시리즈」에서는 앞으로 배울 내용들을 미리 연습하게 합니다. 모든 비법은 중학교 때 배우는 '다항식의 연산'과 연결됩니다. 자연수는 식이 아니라 수이지만, 수의 연산은 곧 식의 계산과 연결됩니다. 중학교에 가면 마치 전혀 새로운 수학을 배우는 줄 알고 미리 겁먹는 학생들이 많습니다. 초등학교 때와는 차원이 다르다는 말에 의욕을 상실하기도 합니다. 하지만 수학은 모든 학년에 다 이어집니다. 중학교 수학은 초등학교 수학에서 시작하고, '다항식의 연산'의 뿌리는 자연수 연산입니다. 따라서 「비법 시리즈」로 공부하면 중학교 수학도 낯설지 않습니다.

자연수 계산 원리

● 원리1 십진법 ●

십 원짜리 1개로 살 수 있는 물건은 일 원짜리 10개로도 살 수 있고, 백 원짜리 1개로 물건을 사고 싶을 때 십 원짜리 10개를 내도 됩니다.

왜냐하면, 우리는 '십진법'을 사용하기 때문입니다.

태어날 때부터 10진법을 사용해 왔기 때문에 이 사실이 너무 당연하게 여겨지지만, 사실 숫자 한 개로 된 1이 열 개 모이면 두 자리 수(10)가 된다는 것은 십진법만의 독특한 법칙입니다.

반면, 삼진법에서는 1이 3개 모여야 두 자리 수(10)가 되고, 오진법에서는 1이 5개 모여야 두 자리 수(10)가 됩니다.

1이 열 개 모여야 두 자리 수 10이 된다는 '십진법의 원리'를 잘 기억해서 늘 지킨다면, 자연수 연산을 쉽게 잘할 수 있습니다.

● 원리2 자리값 ●

'수의 값은 숫자가 어느 자리에 써 있느냐에 따라 달라진다.'

이것은 '자리값의 원리'입니다. 오른쪽 끝이 '일'의 자리이고, 왼쪽으로 한 칸씩 갈수록 자리의 값이 커지는데, 왼쪽 자리는 바로 옆 오른쪽 자리의 10배입니다. 그렇다면 똑같은 숫자라도 왼쪽에 써 있어야 훨씬 더 큰 수가 되겠지요?

	일의 자리
	1

일의 자리 수 '1'은

↓

	일의 자리
	1

그냥 '1'입니다.

하지만,

십의 자리	
1	

십의 자리 수 '1'은

↓

십의 자리	일의 자리
1	0

'10'입니다.

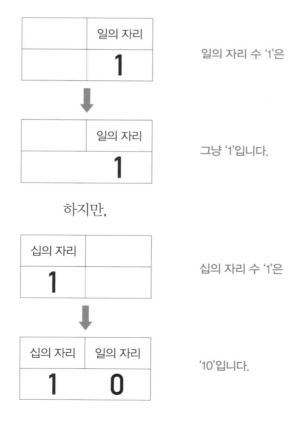

곱셈 비법에 담긴 수학적 원리

직사각형의 넓이와 곱셈

'12를 17번 더하기'

'12개씩 나란히 17줄로 나열된 바둑돌의 개수 구하기'

'한 변이 12이고 다른 한 변이 17인 직사각형의 넓이 구하기'

전혀 다른 상황이지만, 모두 똑같이 12×17입니다. 그 이유는 무엇일까요? 하나의 곱셈식이 여러 가지 상황을 모두 표현할 수 있기 때문입니다.

곱셈은 '같은 수 여러 번 더하기'에서 출발합니다. 하지만 이렇게만 배우면, 분수 곱셈과 소수 곱셈에서 막히게 됩니다. 12×17이 12를 17번 더하기, 즉 12+12+12+……+12를 하는 것이라면, 12×$\frac{1}{3}$은 도대체 무엇을 뜻하는 것이고, 12×0.3은 어떻게 계산해야 할까요? 따라서 처음부터 고학년까지 이어지는 개념으로 곱셈을 배워야 합니다. 『곱셈 비법』은 처음엔 같은 수 더하기에서 시작하지만 장차 분수나 소수를 포함하는 곱셈까지 아우를 수 있도록 '직사각형' 모델을 사용하고 있습니다. 이때, 한 변이 1인 정사각형의 모눈의 크기를 1이라고 정의합니다.

12 × 17

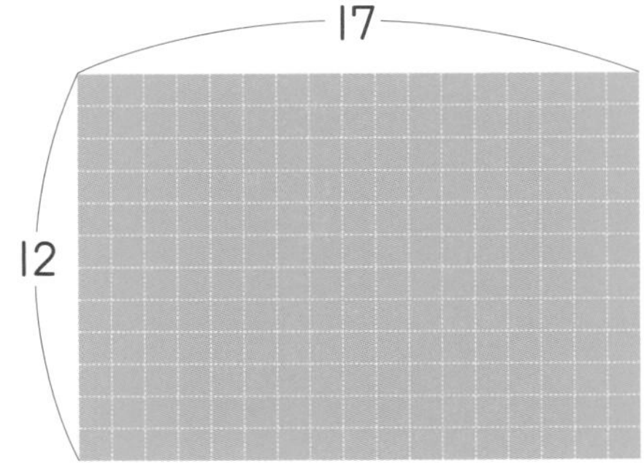

● 다항식의 전개와 곱셈 ●

중학교 때 배우는 '다항식의 곱셈' 은 다음과 같이 계산합니다.

$$(a+b)\times(c+d)=ac+ad+bc+bd$$

12×17을 계산하는 과정도 잘 살펴보면 위의 전개 과정이 들어 있습니다.

$$\begin{aligned}&12\times17\\&=(10+2)\times(10+7)\\&=10\times10+10\times7+2\times10+2\times7\\&=100+70+20+14\\&=204\end{aligned}$$

『곱셈 비법』에서는 이 과정들을 모두 드러냈습니다. 우리가 자연수 계산을 배우는 것이 단지 결과를 얻기 위해서가 아니기 때문입니다. 자연수 계산은 장차 중학교에서 배울 다항식 곱셈의 기초이므로, 서로 연결해서 익히는 것이 바로 기초를 다지는 것입니다.

학부모님들께

1. 수학은 연결되어 있습니다

"우리 아이는 도형은 잘하는데 계산은 싫어해요."라거나, "계산은 너무 좋아하는데 도형 문제만 나오면 어쩔 줄 몰라해요."라는 부모님들이 있습니다. 혹시 부모님 마음속에 '계산과 도형은 별개'라는 생각이 들어 있는 것은 아닌지요? 또, "초등 수학은 잘 했는데 중학 수학도 잘 할지 걱정돼요."라거나, "중학교 수학은 초등과는 차원이 다르다면서요?"라는 부모님들도 있습니다.

수학은 서로 연결되어 있습니다. 도형과 계산이 연결되어 있고, 초등과 중등도 연결되어 있습니다. 서로 연결되어 있기 때문에, 서로 연결해서 배우면 낯선 것이 줄어들어 공부량이 적어지고 익히기도 쉽습니다. 「비법 시리즈」는 연산과 도형이 어떻게 연결되는지, 연산들끼리는 서로 어떻게 연결되는지, 초등과 중등이 어떻게 연결되는지를 보여 주는 교재입니다. 수학의 모든 단원과 학년을 서로 연결해서 학습하도록 도와주세요. 그러면 수학이 쉬워집니다.

2. 꼭 외워야 하는 것들은 외우게 해 주세요

수학이 이해의 과목이긴 하지만 꼭 외워야 하는 기본 내용들이 있습니다. 덧셈에서는 받아올림이 일어나는 한 자리 수끼리의 덧셈(예: 3+8=11), 뺄셈에서는 받아내림이 일어나는 간단한 뺄셈(예: 11−3=8), 곱셈과 나눗셈에서는 구구단(예:

3×8=24, 24÷3=8)이 있습니다. 물론 억지로 외우면 안 되고, 왜 그런 결과가 나오는지는 반드시 이해해야 합니다. 하지만 과정을 이해한 것에서만 만족하고 그 결과를 외워 두지 않으면 계산이 더디고 나중에는 재미없어집니다. 「비법 시리즈」의 1단계에 나오는 내용들은 꼭 알아 두어야 할 기초적인 내용이므로 아이가 외울 수 있도록 도와주세요.

3. 교재를 융통성 있게 활용해 주세요

아이의 성향에 따라 유연하게 이 교재를 사용해 주시기 바랍니다.

아이가 잘 따라 하고 집중력이 있으면 그 자리에서 1단계부터 4단계까지 진도를 나가도 됩니다. 각 단계의 예시문제와 도전문제 몇 개만 풀어 보아도 금세 원리를 터득할 수 있는 아이들은, 나머지 문제들은 나중에 스스로 풀 수 있기 때문입니다.

반면, 아이가 집중력이 약하거나 계산이 느린 경우에는 차근차근 진도를 나가 주세요. 일정한 양을 정해서 풀게 하는 것이 좋습니다. 하지만 너무 적은 양씩 오랜 기간 동안 풀게 하지는 마시기 바랍니다. 어떤 원리를 터득하려면 약간은 몰입해서 공부하는 게 좋기 때문입니다.

이 책의 비법들은 언뜻 보기에 대수롭지 않아 보입니다. 하지만 이 안에는 아이들이 특히 어려워하는 수의 쌍을 분석한 것을 바탕으로, 심리적인 부담을 느끼지 않고 원리를 익히면서 실수를 잡아낼 수 있도록 예제나 연습문제가 치밀하게 배치되어 있습니다. 부디 이 책이 수학과 계산에 흥미와 자신감을 갖게 하는 데 도움이 되길 바랍니다.

강미선

암산이 잘 안 될 때는 이렇게!

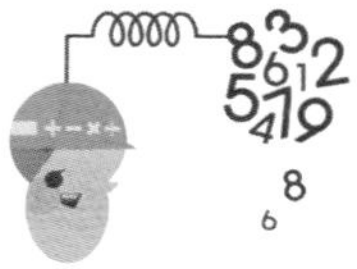

여기서 제시한 4단계를 잘 따라 했다면 저절로 암산이 됩니다. 그런데 만약 생각보다 암산이 잘 안 된다면? 그 이유는 무엇일까요? 그리고 그럴 때에는 어떻게 해야 암산을 잘하게 될까요? 암산이 안 되는 원인에 따라 처방이 달라집니다.

1. 십진법 원리를 정확히 이해하기

모형 동전을 사용해서 시장 놀이를 해 보세요. 10원을 1원짜리 10개로 바꾸는 놀이를 반복적으로 하다 보면, 십진법에 대한 이해가 높아집니다.

2. 자리값 원리에 대해 이해하기

깍두기공책을 사용해 보세요. 한 칸에는 반드시 숫자를 1개만 써야 합니다. 칸에 맞게 수를 쓰다 보면, 실수도 줄어들고 자리값 원리에 대한 이해도 좋아집니다.

3. 집중력 키우기

플래시 카드로 만들어서 빨리 빨리 넘기며 답을 말하는 연습을 해도 좋습니다. 덧셈 카드, 뺄셈 카드, 구구단 카드 등을 사용해서 카드를 빨리 넘기면서 답을 말하면, 짧은 시간에 집중하는 훈련을 할 수 있습니다.

4. 새로운 기분으로 다시 도전하기

컨디션이 안 좋아서 공부에 집중하기 힘든 때가 있습니다. 이럴 때는 잠시 쉬었다 하세요. 며칠 뒤에 다시 시도해도 좋습니다. 새로운 기분으로 도전하면 암산이 쉽게 될 거예요.

바둑돌 세기

1단계 바둑돌 세기

자연수 곱셈은 네모난 틀 안에 가지런히 놓여 있는 바둑돌의 개수를 구하는 것과 같습니다. 가지런히 놓여 있는 바둑돌이 모두 몇 개인지 세면서 곱셈의 원리를 알아봅시다.

(1) (몇) × (몇)

같은 수를 여러 번 더하면 됩니다.

예시문제

$$4 \times 3$$

방법 1

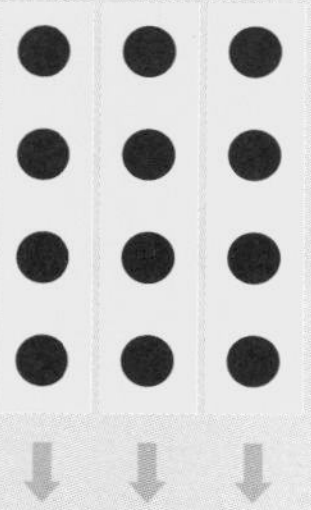

4+4+4= 12

방법 2

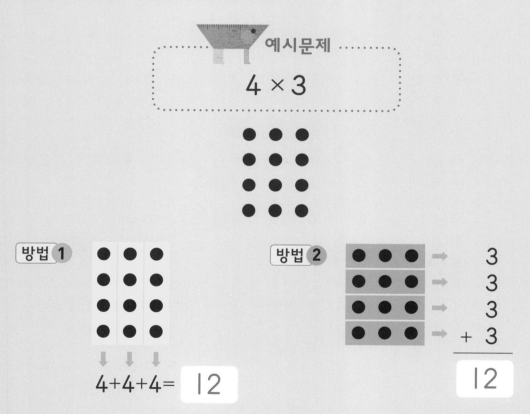

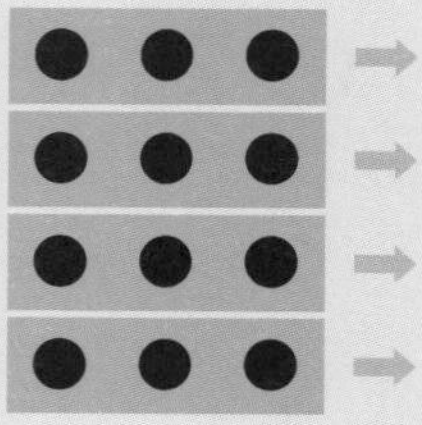

$$\begin{array}{r} 3 \\ 3 \\ 3 \\ +\ 3 \\ \hline 12 \end{array}$$

핵심 포인트 가로로 더한 것과 세로로 더한 것의 결과가 똑같은지 확인하세요! 둘 중 어느 방법이 더 쉬운가요?

도전문제(1)

$$2 \times 7$$

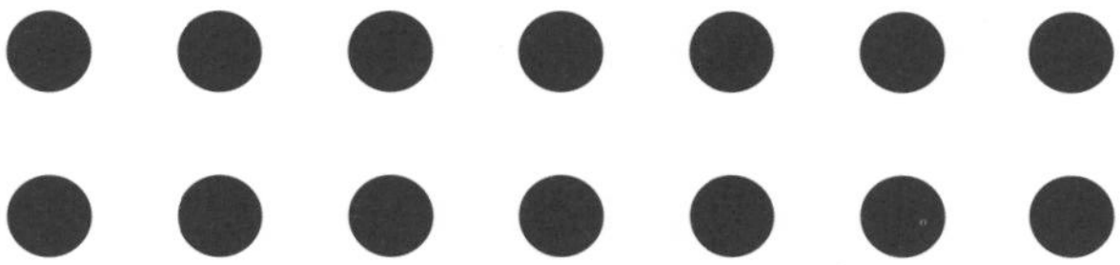

방법 1

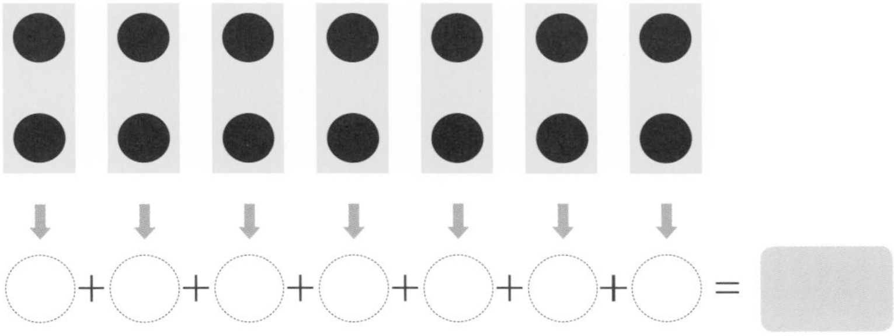

방법 2

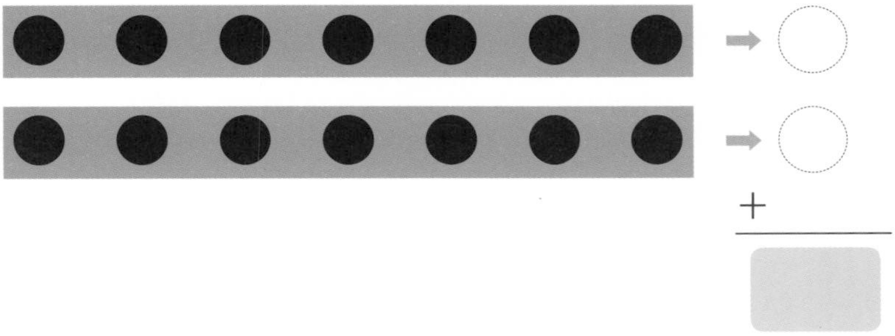

1단계

바둑돌 세기

도전문제(2)

5×8

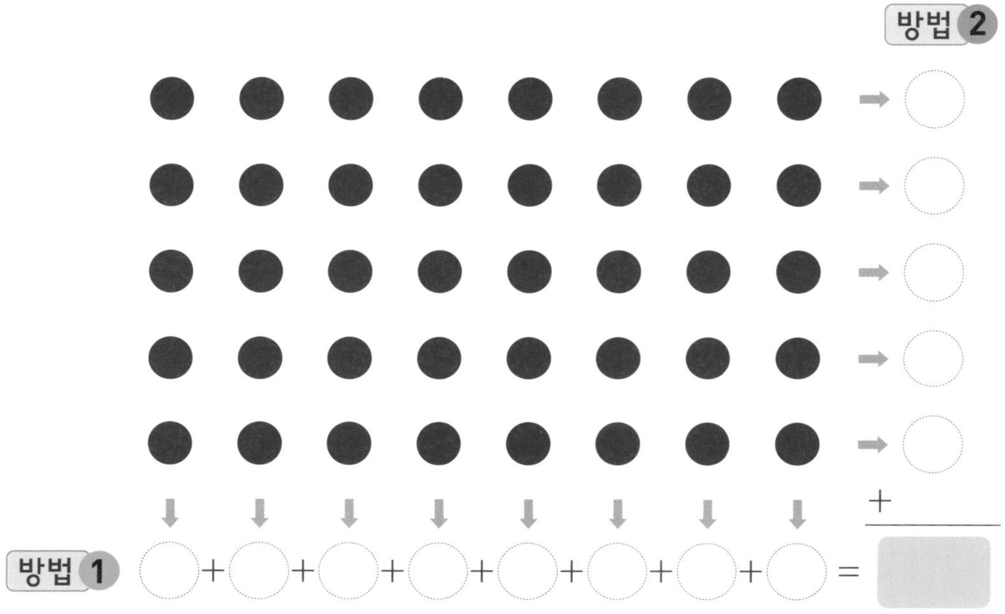

도전문제(3)

7×5

방법 2

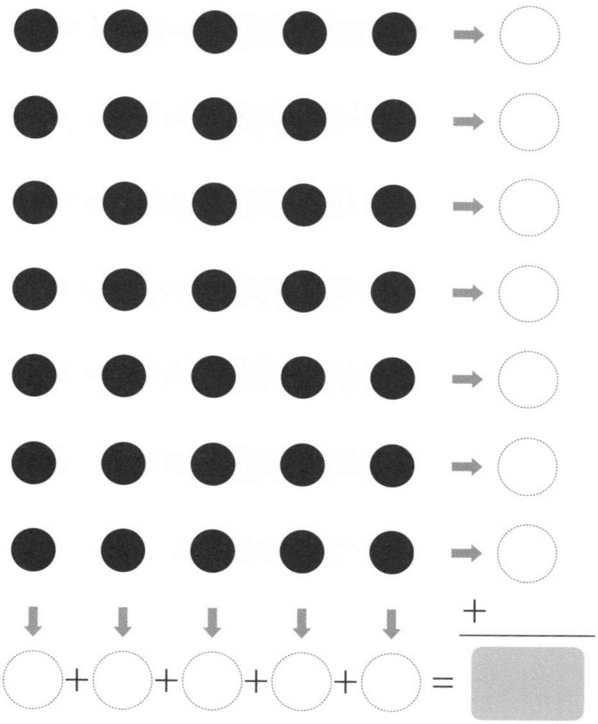

방법 1

1단계 바둑돌 세기

도전문제(4)

6×9

방법 2

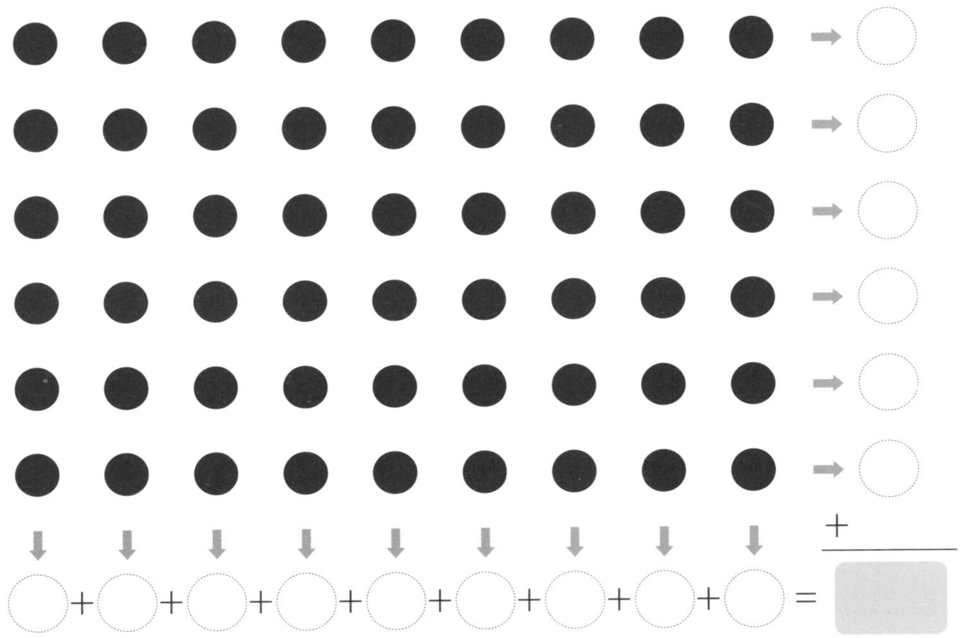

방법 1

도전문제(5)

8×7

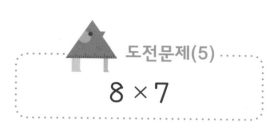

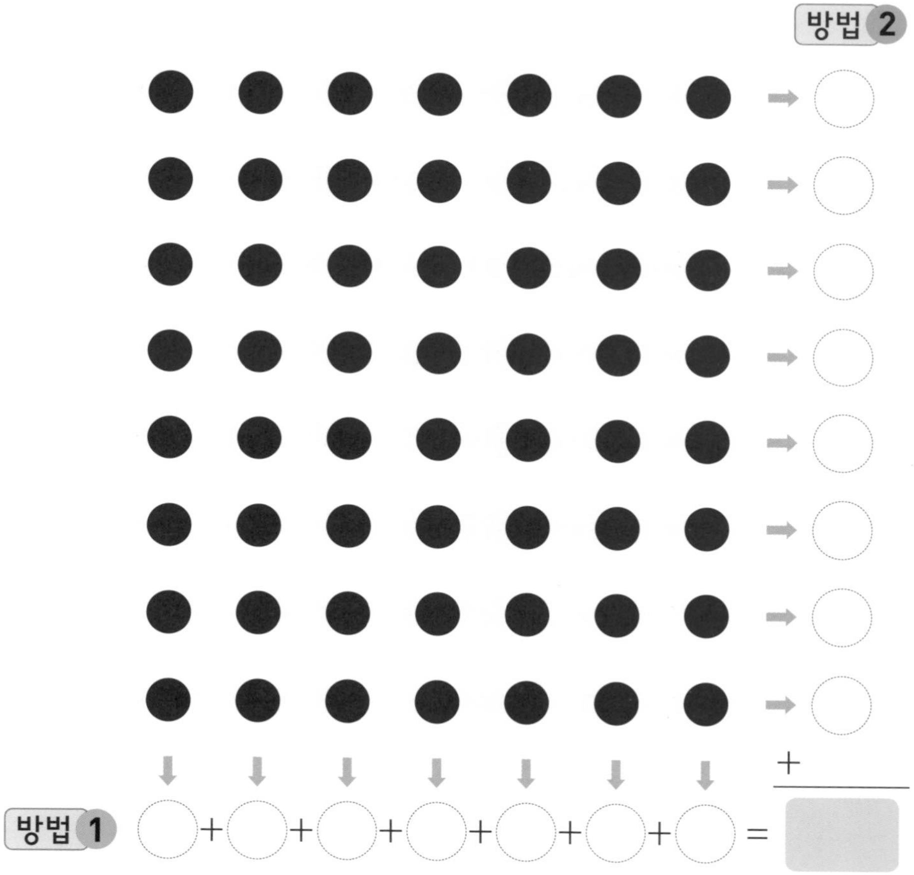

1단계 바둑돌 세기

도전문제(6)

9×9

방법 2

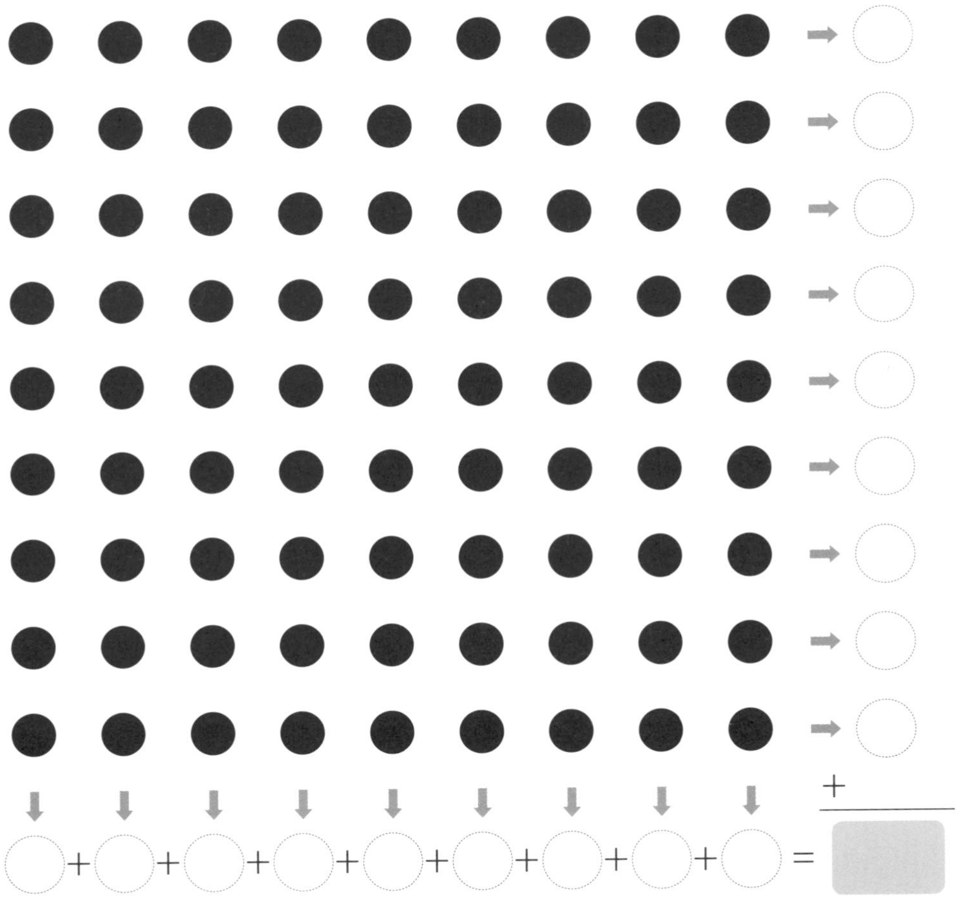

방법 1

연습문제

☐ 안에 알맞은 수를 쓰세요.

① 3 × 7 = ☐

② 2 × 5 = ☐

③ 4 × 7 = ☐

④ 5 × 9 = ☐

⑤ 7 × 7 = ☐

⑥ 8 × 7 = ☐

⑦ 4 × 5 = ☐

⑧ 7 × 5 = ☐

⑨ 4 × 8 = ☐

⑩ 3 × 9 = ☐

⑪ 6 × 5 = ☐

⑫ 6 × 8 = ☐

⑬ 9 × 2 = ☐

⑭ 9 × 9 = ☐

⑮ 9 × 7 = ☐

⑯ 2 × 8 = ☐

1단계 바둑돌 세기

(2) (몇) × 10

같은 수를 10번 더하면 됩니다.

예시문제

4×10

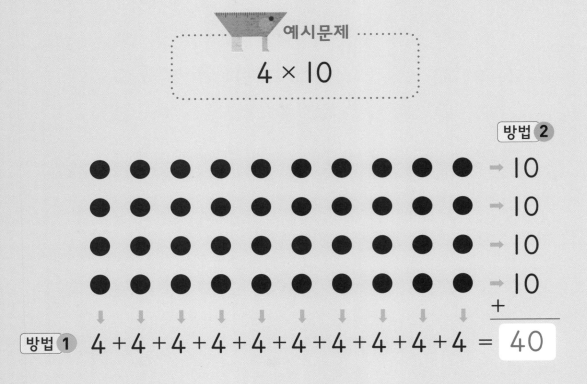

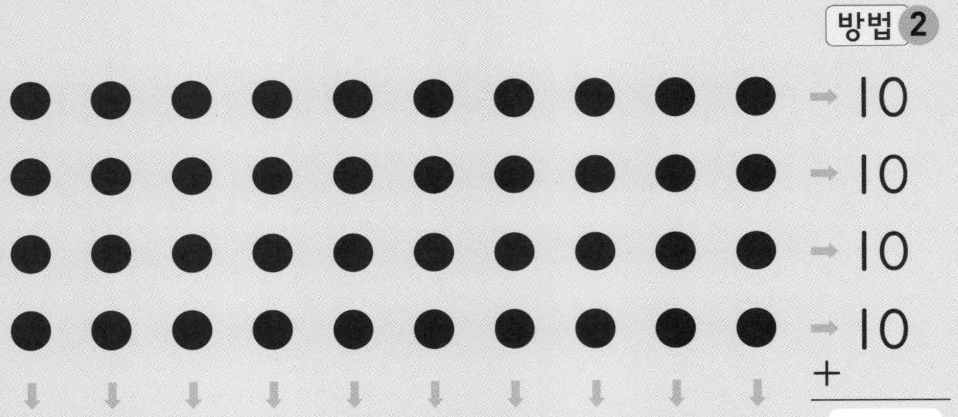

방법 1 $4+4+4+4+4+4+4+4+4+4=$ 40

핵심 포인트 4를 10번 더하는 것과 10을 4번 더하는 것 중에서, 어느 방법이 쉽나요?

도전문제(1)

3×10

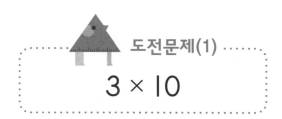

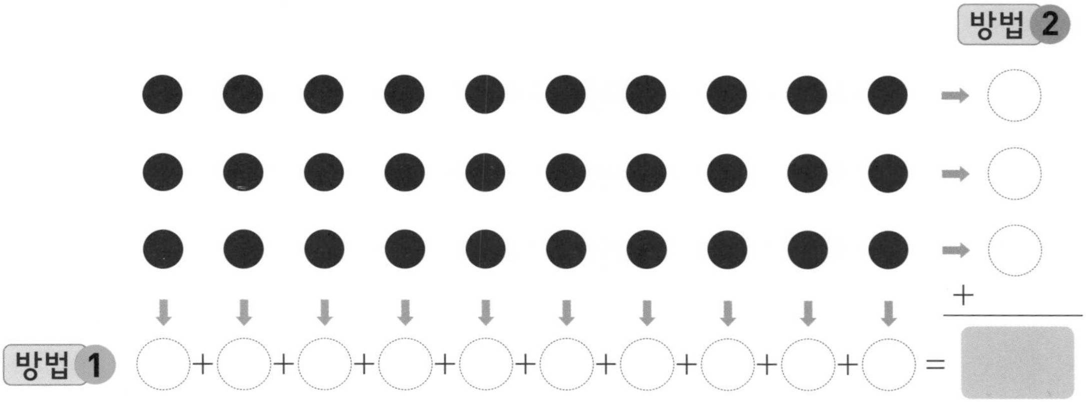

1단계 바둑돌 세기

도전문제(2)

7×10

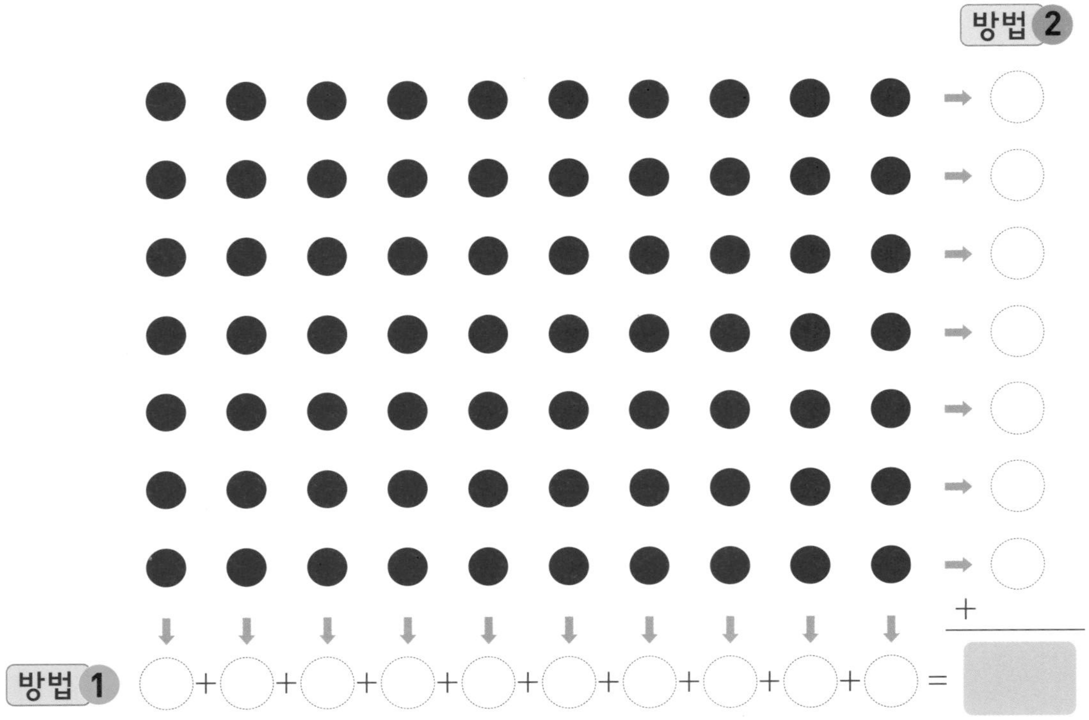

도전문제(3)

5×10

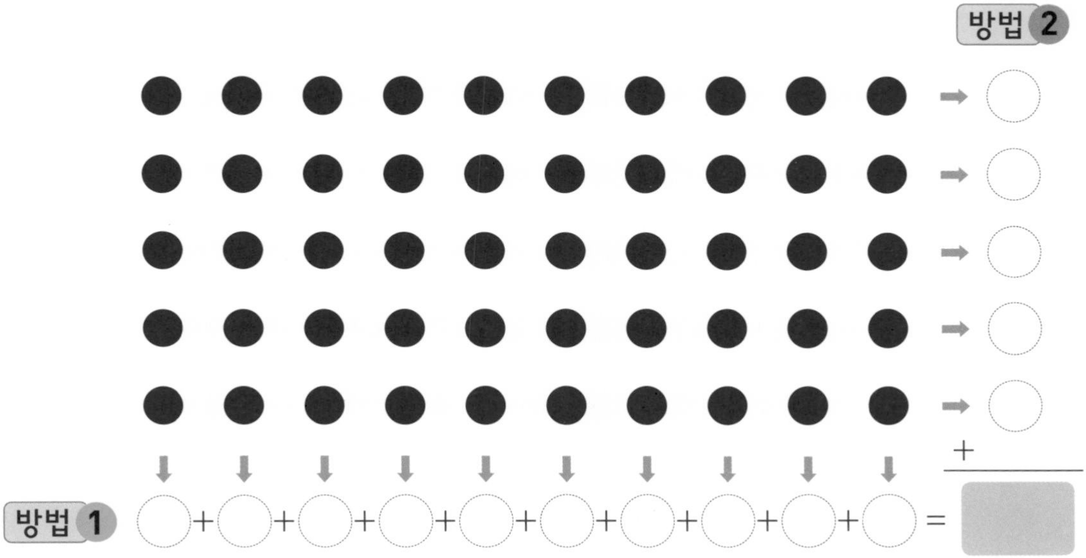

1단계 바둑돌 세기

도전문제(4)

10×6

방법 2

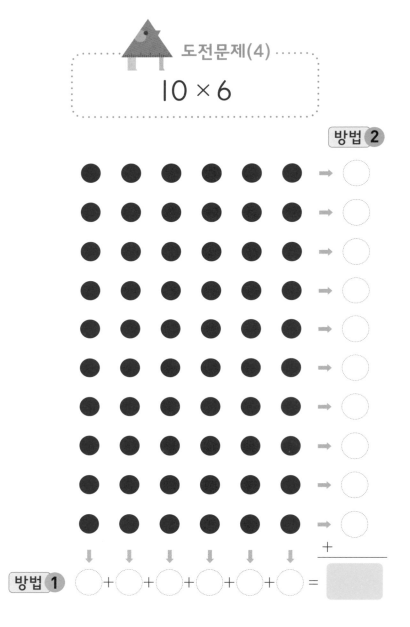

방법 1 ◯+◯+◯+◯+◯+◯ =

도전문제(5)

10×9

방법 2

방법 1 ○ + ○ + ○ + ○ + ○ + ○ + ○ + ○ + ○ = ☐

1단계

바둑돌 세기

도전문제(6)

10×10

방법 2

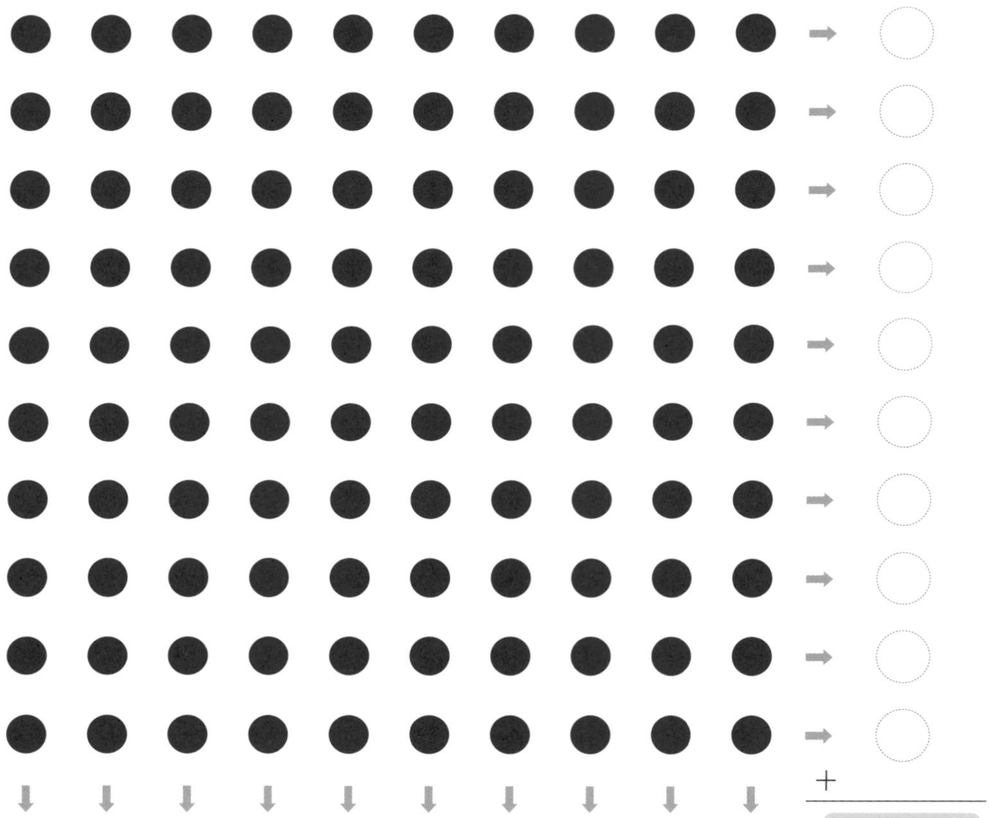

방법 1 ○ + ○ + ○ + ○ + ○ + ○ + ○ + ○ + ○ + ○ =

연습문제

☐ 안에 알맞은 수를 쓰세요.

① $2 \times 10 = \square$

② $7 \times 10 = \square$

③ $10 \times 5 = \square$

④ $10 \times 8 = \square$

⑤ $10 \times 4 = \square$

⑥ $10 \times 6 = \square$

⑦ $4 \times 10 = \square$

⑧ $10 \times 9 = \square$

⑨ $3 \times 10 = \square$

⑩ $6 \times 10 = \square$

⑪ $10 \times 2 = \square$

⑫ $10 \times 7 = \square$

⑬ $9 \times 10 = \square$

⑭ $8 \times 10 = \square$

⑮ $5 \times 10 = \square$

⑯ $10 \times 10 = \square$

1단계 바둑돌 세기

(3) (몇) × 100

같은 수를 100번 더하면 됩니다.

예시문제

$$8 \times 100$$

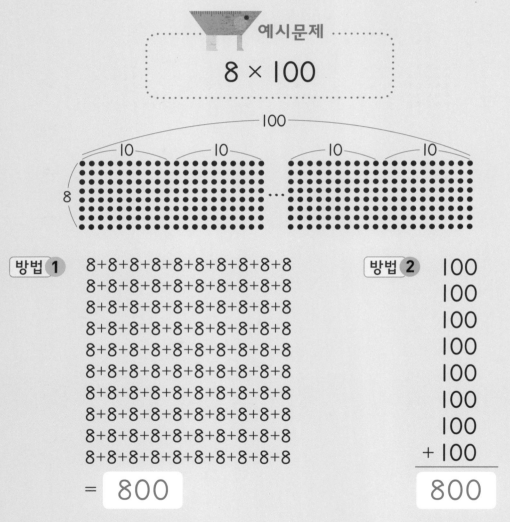

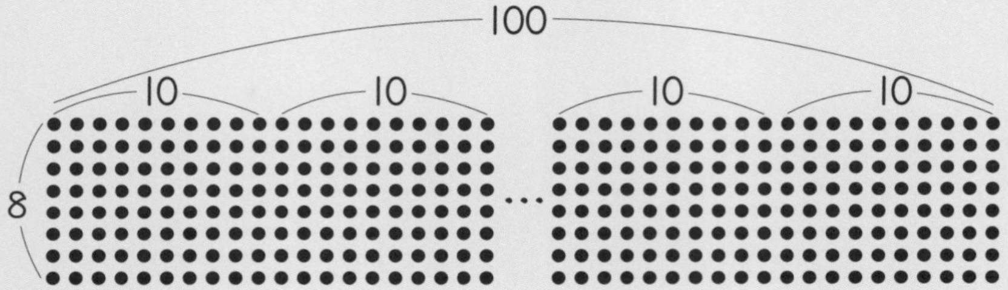

방법 1

8+8+8+8+8+8+8+8+8+8
8+8+8+8+8+8+8+8+8+8
8+8+8+8+8+8+8+8+8+8
8+8+8+8+8+8+8+8+8+8
8+8+8+8+8+8+8+8+8+8
8+8+8+8+8+8+8+8+8+8
8+8+8+8+8+8+8+8+8+8
8+8+8+8+8+8+8+8+8+8
8+8+8+8+8+8+8+8+8+8
8+8+8+8+8+8+8+8+8+8
= 800

방법 2

$$\begin{array}{r} 100 \\ 100 \\ 100 \\ 100 \\ 100 \\ 100 \\ 100 \\ +\ 100 \\ \hline 800 \end{array}$$

핵심 포인트 방법 1 은 8을 100번 더한 것이고, 방법 2 는 100을 8번 더한 것입니다.

도전문제(1)

5 × 100

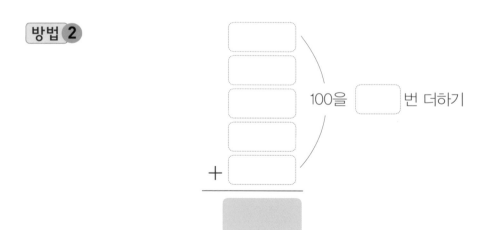

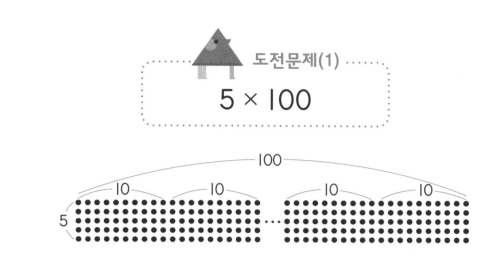

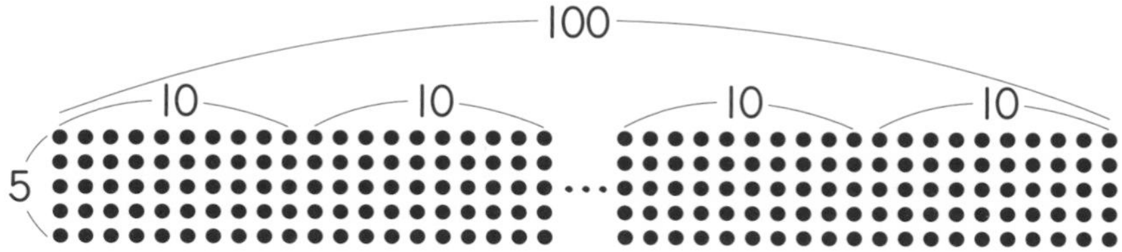

5를 ☐ 번 더하기

방법 1 ◯ + ◯ + ◯ + ◯ + ··· + ◯ + ◯ + ◯ + ◯ = ☐

방법 2

☐
☐
☐
☐
\+ ☐

☐

100을 ☐ 번 더하기

1단계

바둑돌 세기

도전문제(2)

$$100 \times 7$$

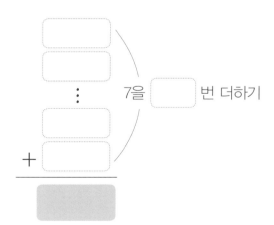

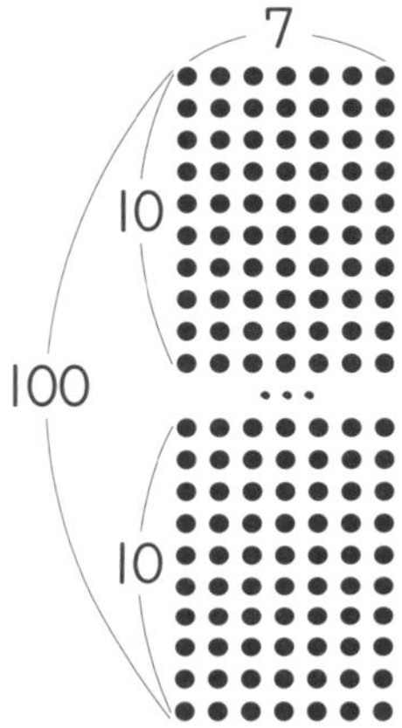

100을 ☐ 번 더하기

방법 1 ◯ + ◯ + ◯ + ◯ + ◯ + ◯ + ◯ = ☐

방법 2

☐
☐
⋮
☐
+ ☐
―――
☐

7을 ☐ 번 더하기

도전문제(3)

9×100

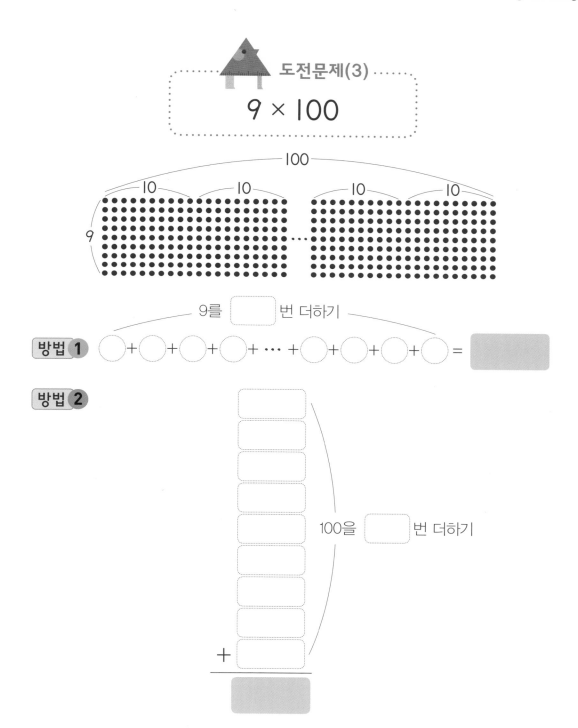

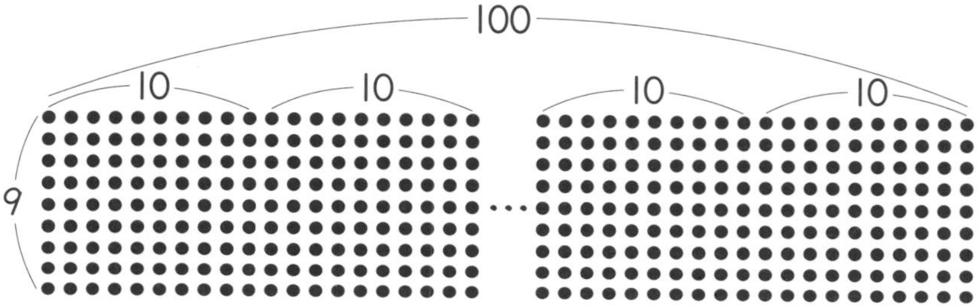

9를 ☐ 번 더하기

방법 1 ◯ + ◯ + ◯ + ◯ + ⋯ + ◯ + ◯ + ◯ + ◯ = ☐

방법 2

☐
☐
☐
☐
☐
☐
☐
☐
+ ☐

☐

100을 ☐ 번 더하기

1단계

바둑돌 세기

연습문제

☐ 안에 알맞은 수를 쓰세요.

① $2\times100=$ ☐

② $7\times100=$ ☐

③ $100\times5=$ ☐

④ $100\times8=$ ☐

⑤ $100\times4=$ ☐

⑥ $100\times6=$ ☐

⑦ $4\times100=$ ☐

⑧ $100\times9=$ ☐

⑨ $3\times100=$ ☐

⑩ $6\times100=$ ☐

⑪ $100\times2=$ ☐

⑫ $100\times7=$ ☐

⑬ $9\times100=$ ☐

⑭ $8\times100=$ ☐

⑮ $5\times100=$ ☐

⑯ $10\times100=$ ☐

갈라서 더하기

2단계 갈라서 더하기

곱하는 두 수 중에 10보다 큰 수가 있을 때에는 10만큼 갈라서 계산한 다음 다시 더하면 쉽습니다.

(1) (몇) × (십몇)

(십몇)을 '(십)+(몇)'으로 가릅니다. 그 다음, 각각 곱하고 나서 모두 더하면 됩니다.

예시문제

$$3 \times 14$$

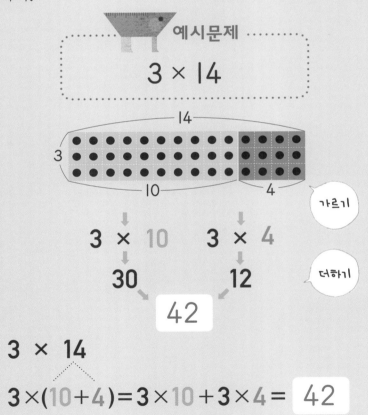

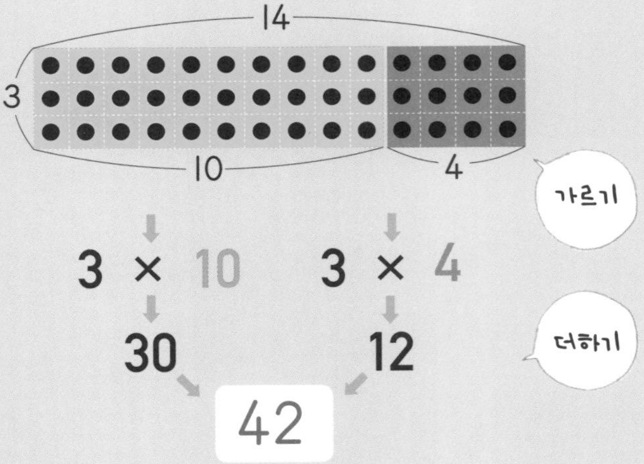

3×14

$3\times(10+4)=3\times10+3\times4=$ 42

핵심 포인트 곱셈에서는, 곱하는 두 수의 순서를 바꾸어도 결과는 똑같습니다. 이것을 꼭 기억하세요!

도전문제(1)

15×6

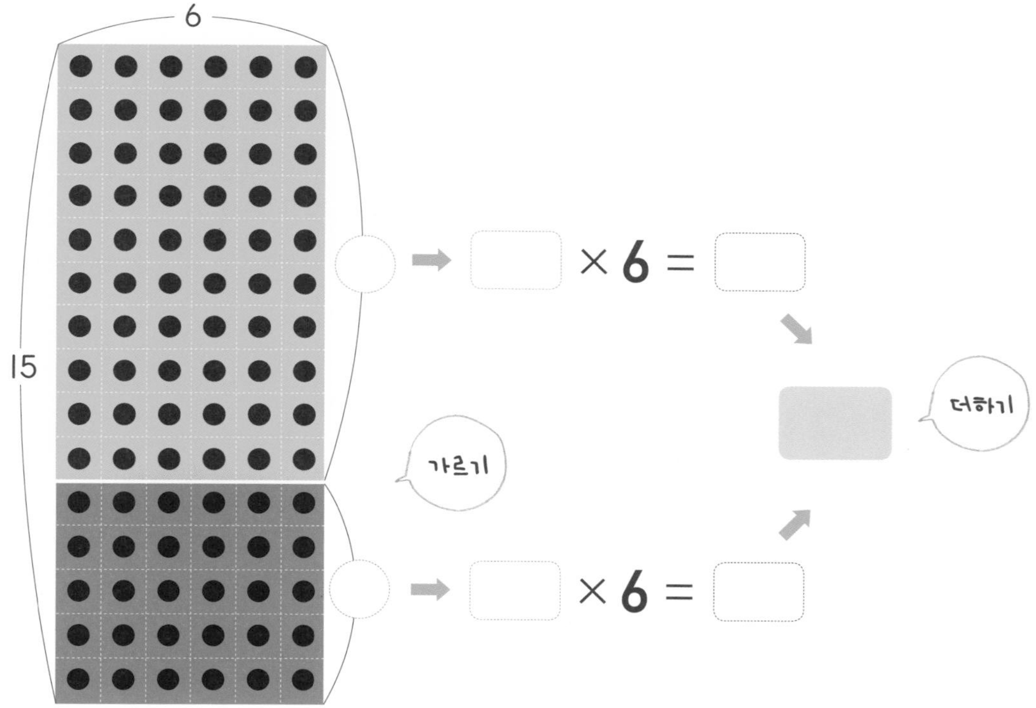

15×6

$(\square + \square) \times 6 = \square \times 6 + \square \times 6 = \square$

2단계 갈라서 더하기

도전문제(2)

6×13

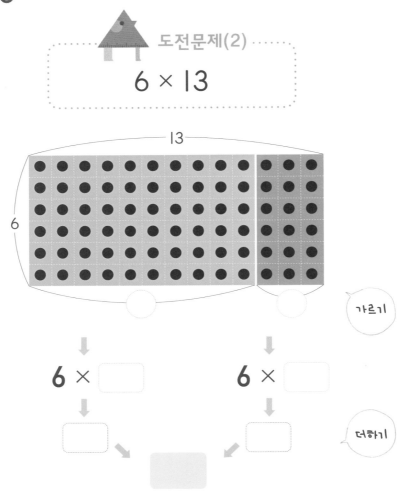

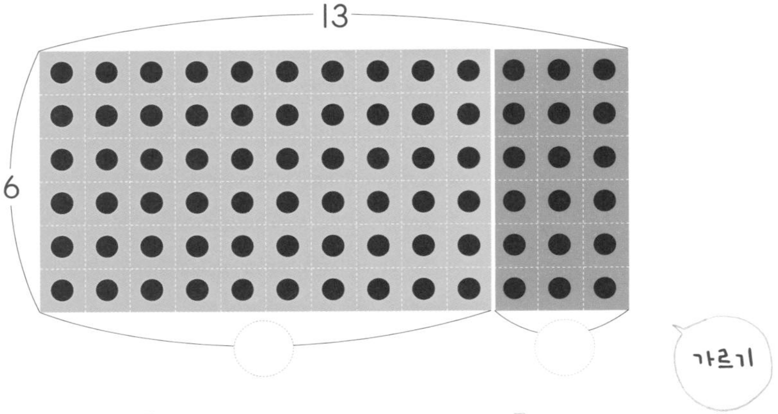

$6 \times \square$ → $\square$ $6 \times \square$ → $\square$

더하기

$\square$

6×13

$6 \times (\square + \square) = 6 \times \square + 6 \times \square = \square$

도전문제(3)

$$17 \times 4$$

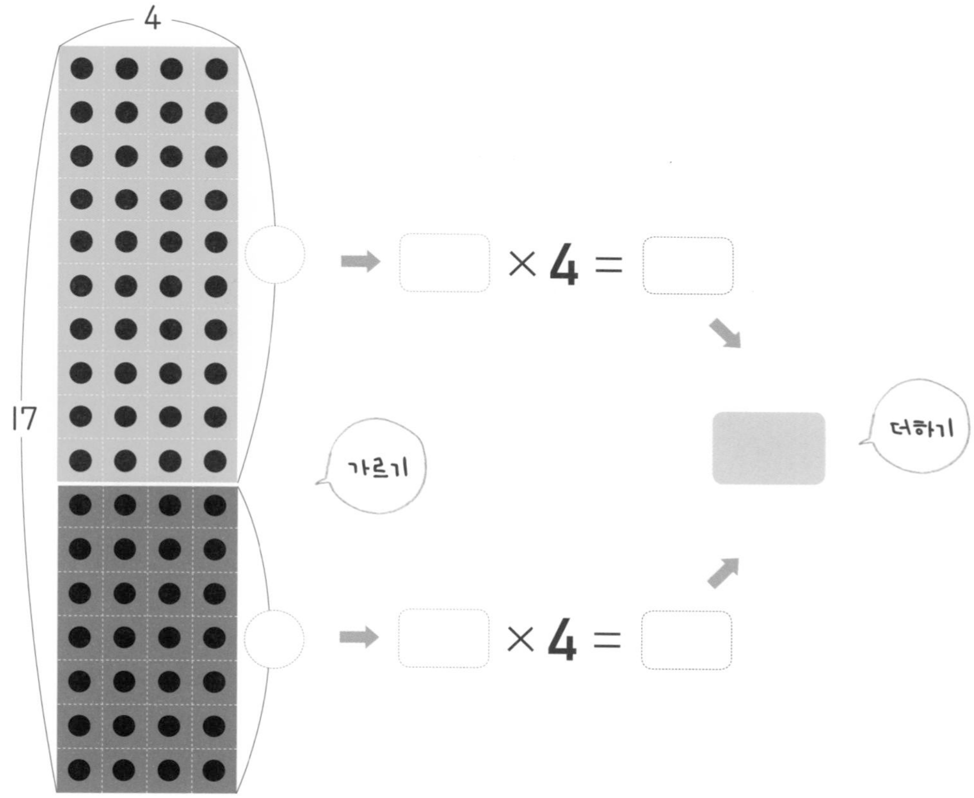

$$17 \times 4$$

$$(\square + \square) \times 4 = \square \times 4 + \square \times 4 = \square$$

2단계 갈라서 더하기

도전문제(4)

9×12

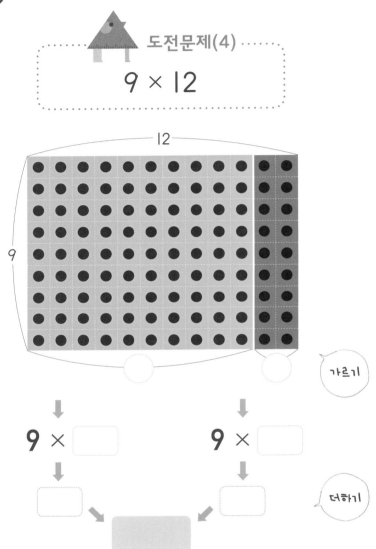

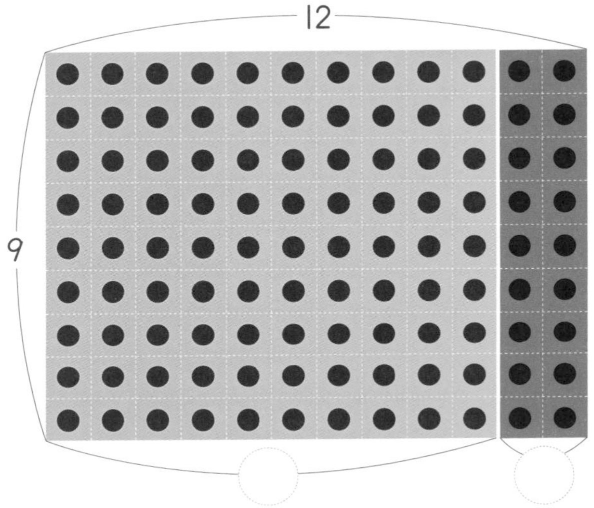

가르기

$9 \times$ ☐ $\quad 9 \times$ ☐

☐ ☐

더하기

☐

9×12

$9 \times ($ ☐ $+$ ☐ $) = 9 \times$ ☐ $+ 9 \times$ ☐ $=$ ☐

도전문제(5)

18 × 5

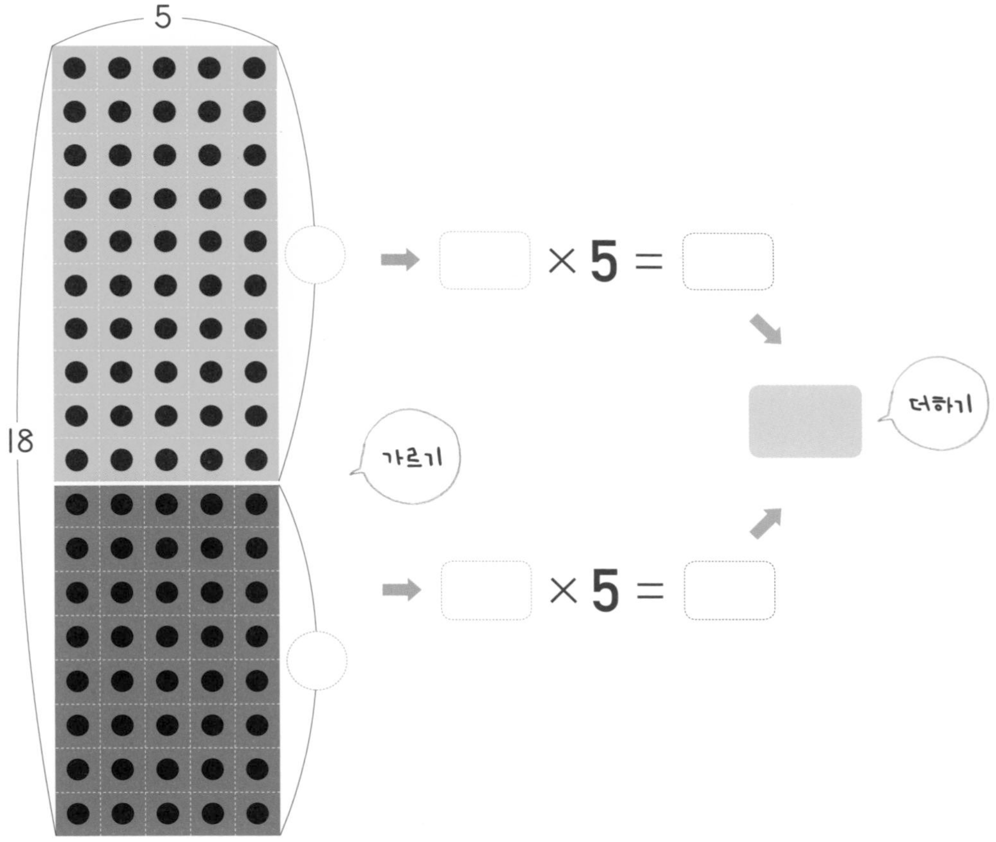

18 × 5

(□ + □) × 5 = □ × 5 + □ × 5 = □

2단계 갈라서 더하기

도전문제(6)

4×18

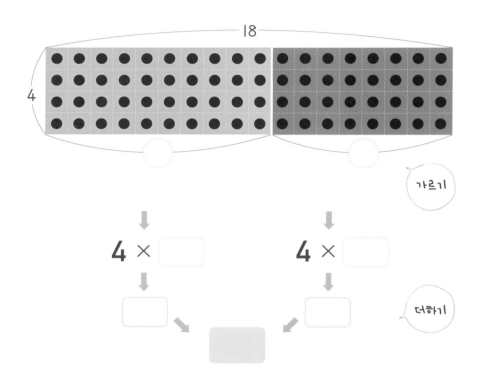

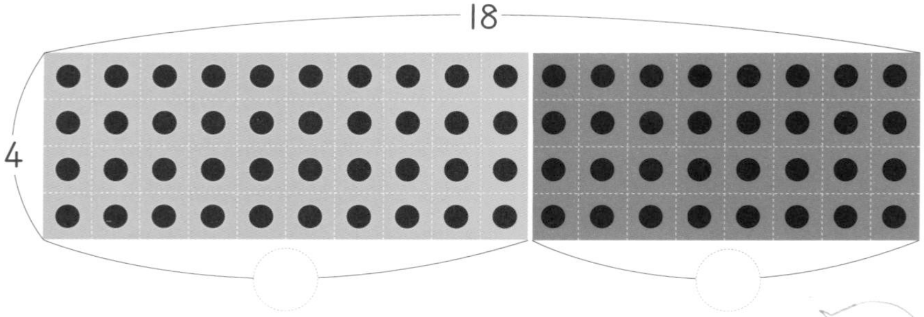

$4 \times$ ☐ ⟶ ☐ 　　 $4 \times$ ☐ ⟶ ☐ ⟶ ☐

더하기

4×18

$4 \times ($ ☐ $+$ ☐ $) = 4 \times$ ☐ $+ 4 \times$ ☐ $=$ ☐

도전문제(7)

$$16 \times 5$$

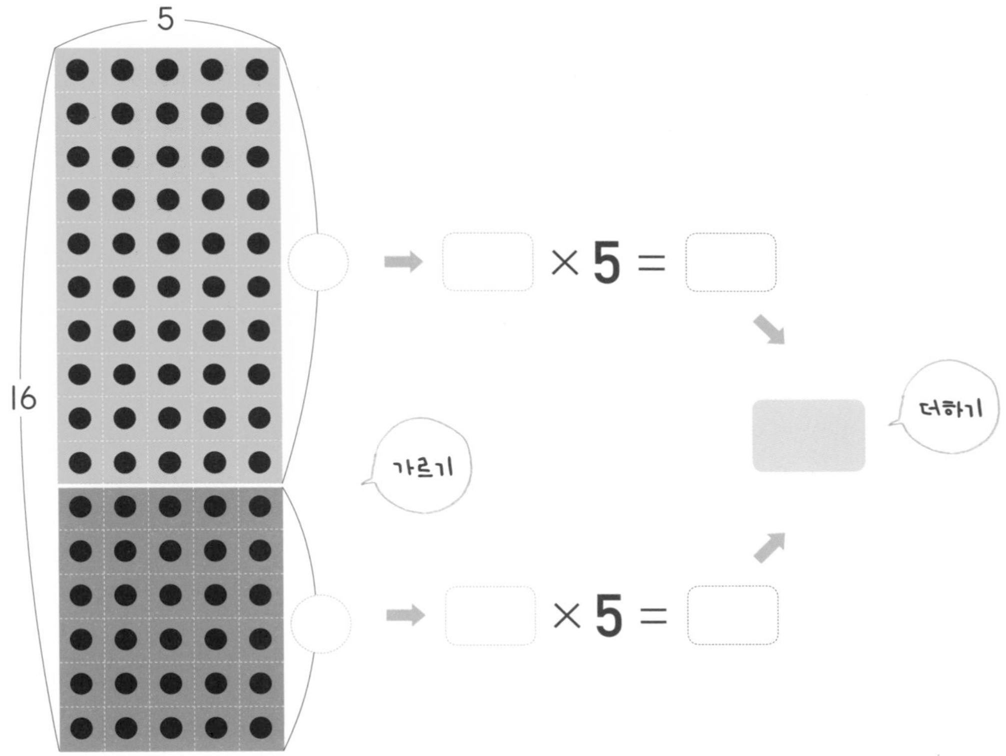

$$16 \times 5$$

$$(\square + \square) \times 5 = \square \times 5 + \square \times 5 = \square$$

2단계 갈라서 더하기

도전문제(8)

7×19

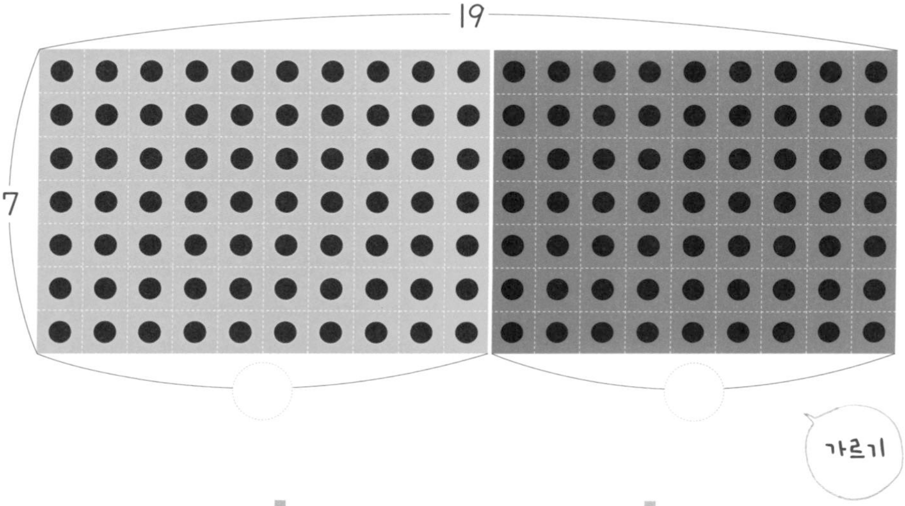

$7 \times \square$ $\quad$ $7 \times \square$

$\square$ $\quad$ $\square$

더하기

$\square$

7×19

$7 \times (\square + \square) = 7 \times \square + 7 \times \square = \square$

도전문제(9)

19×9

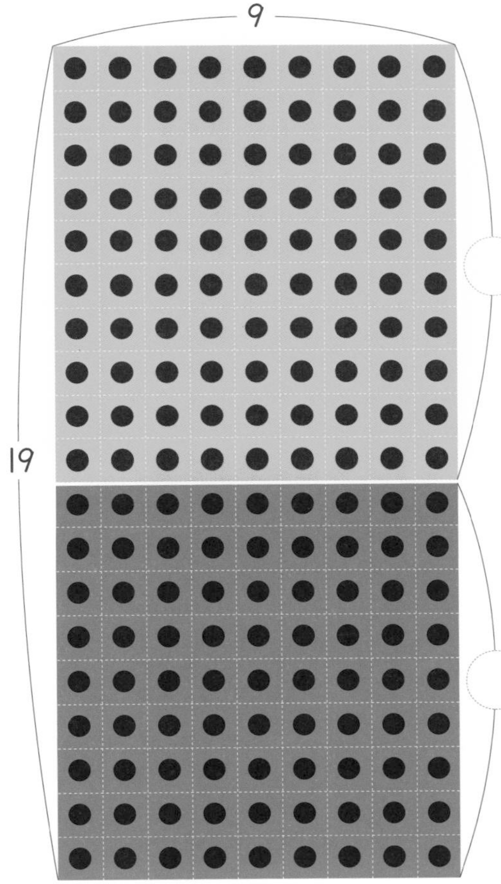

→ ☐ $\times 9 =$ ☐

가르기

더하기

☐

→ ☐ $\times 9 =$ ☐

19×9

(☐ + ☐) $\times 9 =$ ☐ $\times 9 +$ ☐ $\times 9 =$ ☐

2단계 갈라서 더하기

(2) (십몇) × 10

(십몇)을 '(십)+(몇)'으로 가른 다음, 각각 10과 곱합니다.
그러고 나서 모두 더하면 됩니다.

예시문제

$$19 \times 10$$

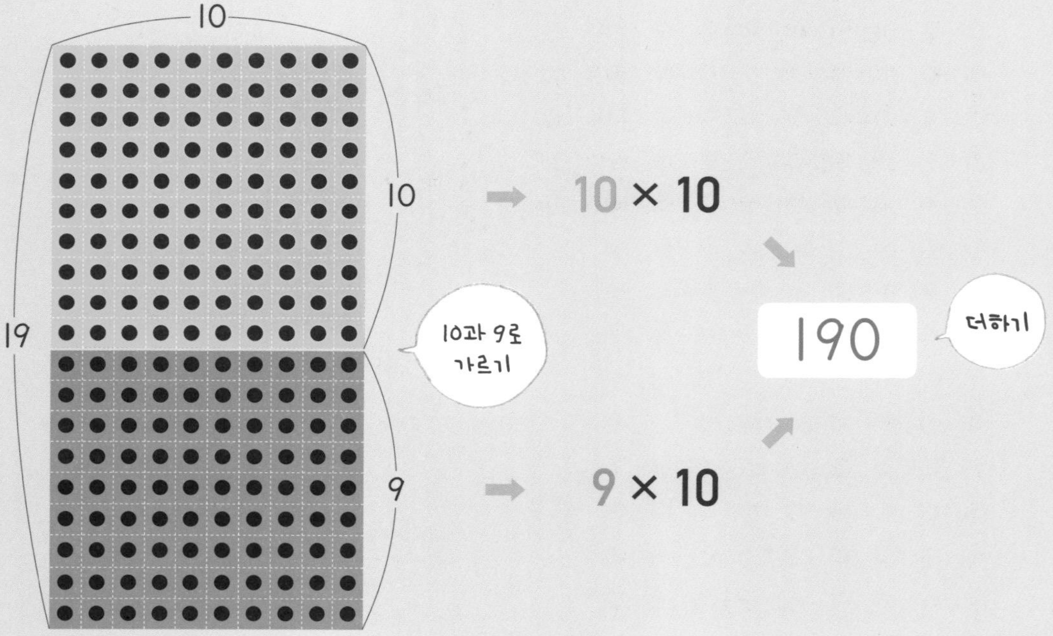

19 × 10 = 190

핵심 포인트 10×10=100을 이용해서 계산하면 됩니다.

도전문제(1)

10×17

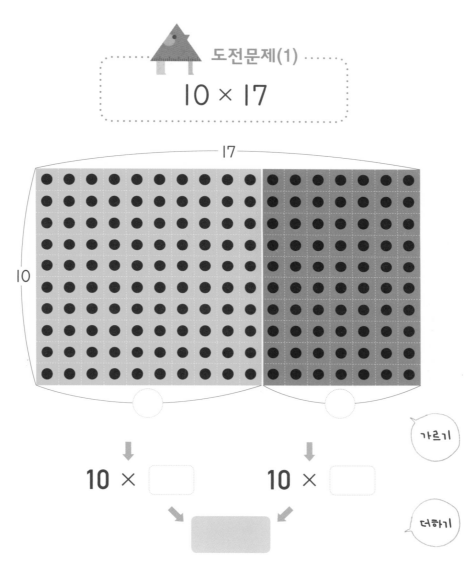

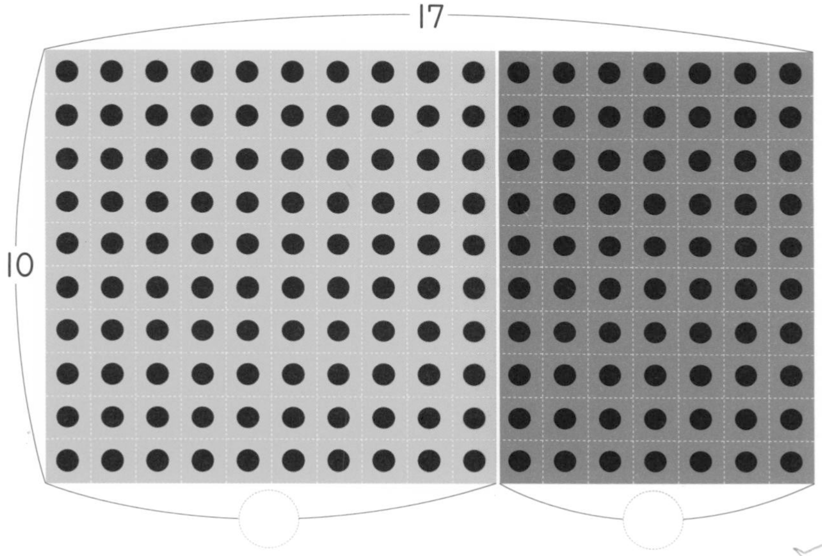

가르기

$10 \times \square$ $\quad$ $10 \times \square$

더하기

$\square$

10×17

$10 \times (\square + \square) = 10 \times \square + 10 \times \square = \square$

2단계

갈라서 더하기

도전문제(2)

18 × 10

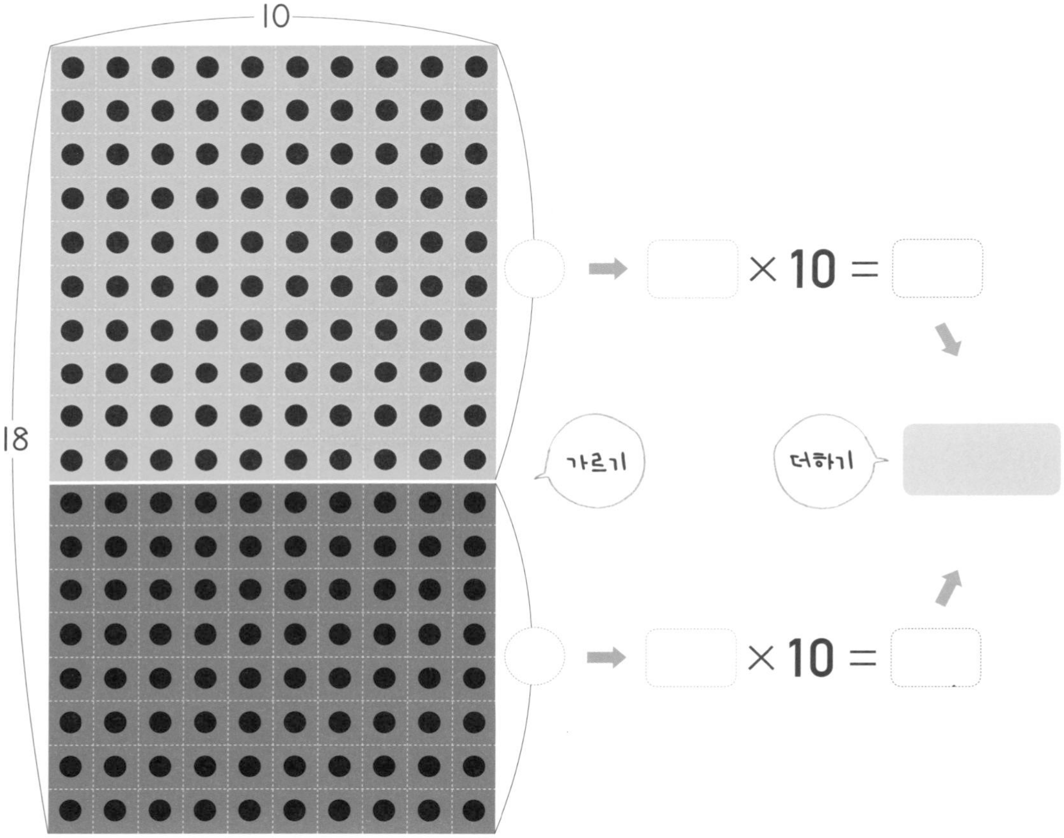

18 × 10

(□ + □) × 10 = □ × 10 + □ × 10 = □

도전문제(3)

$$10 \times 15$$

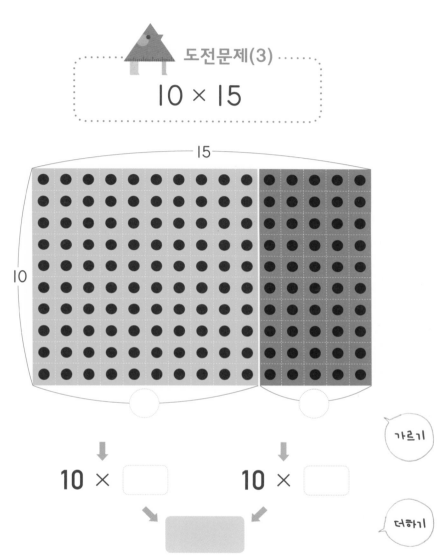

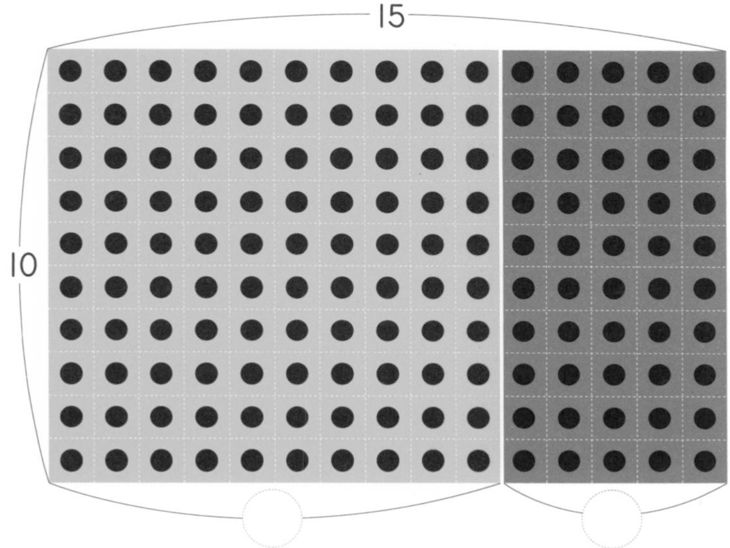

가르기

$10 \times$ ☐　　　$10 \times$ ☐

더하기

☐

10×15

$10 \times ($ ☐ $+$ ☐ $) = 10 \times$ ☐ $+ 10 \times$ ☐ $=$ ☐

2단계 갈라서 더하기

도전문제(4)

$$12 \times 10$$

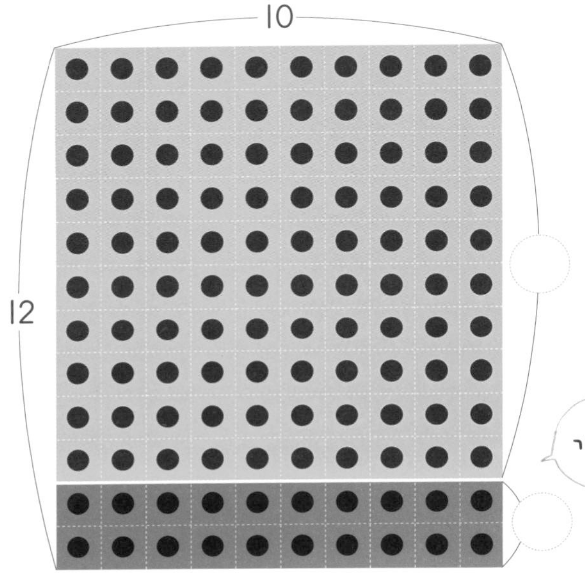

가르기

→ □ × 10 = □

더하기 □

→ □ × 10 = □

$$12 \times 10$$

(□ + □) × 10 = □ × 10 + □ × 10 = □

도전문제(5)

10×16

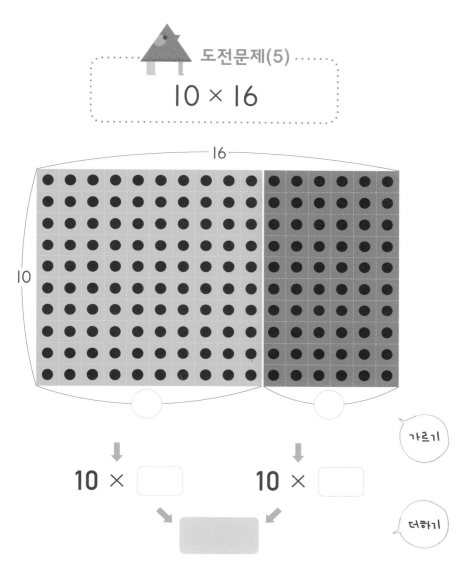

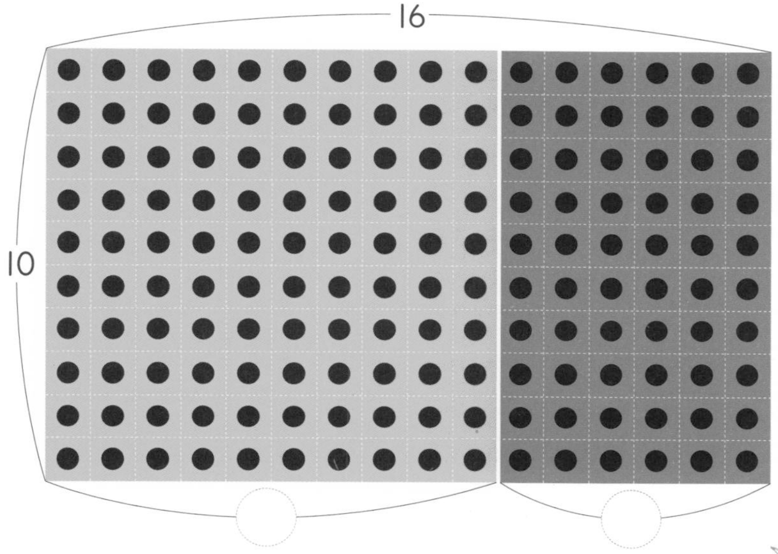

가르기

$10 \times \square$ $\qquad$ $10 \times \square$

더하기

$\square$

10×16

$10 \times (\square + \square) = 10 \times \square + 10 \times \square = \square$

갈라서 더하기

(3) (십몇) × (십몇)

곱하는 두 수를 각각 '(십)+(몇)'으로 가릅니다.
네 부분을 각각 계산해서 모두 더하면 됩니다.

예시문제

12×17

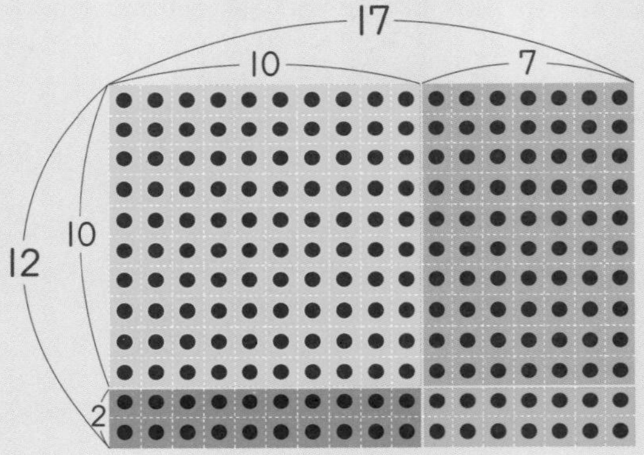

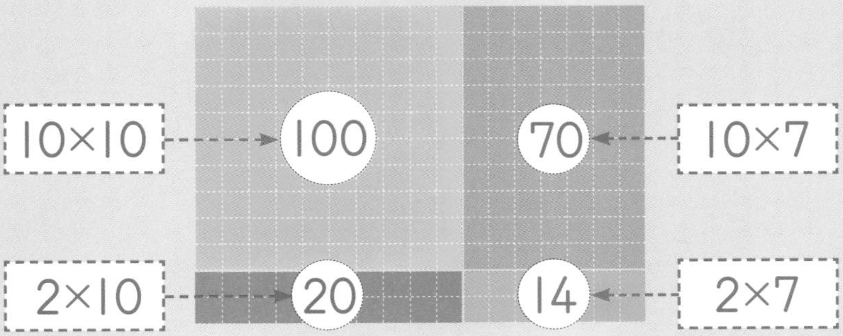

12×17=100+70+20+14= 204

도전문제(1)

13 × 14

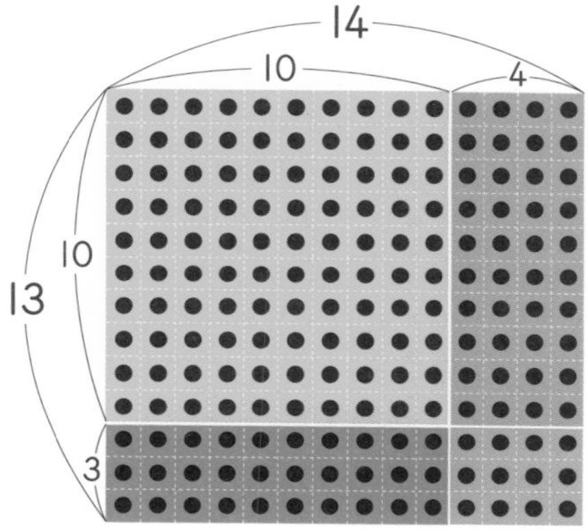

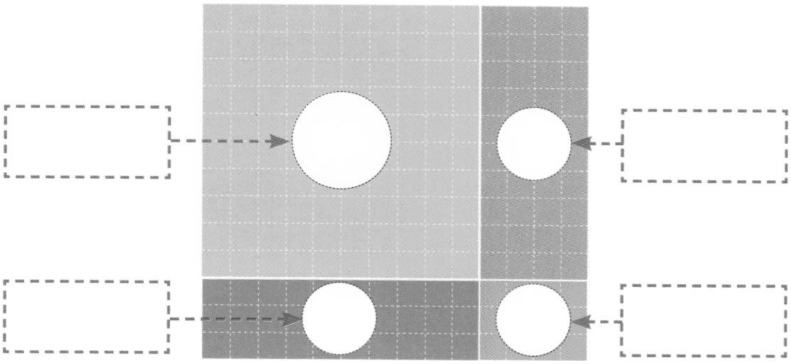

13×14= ☐ + ☐ + ☐ + ☐ = ☐

갈라서 더하기

도전문제(2)

16 × 18

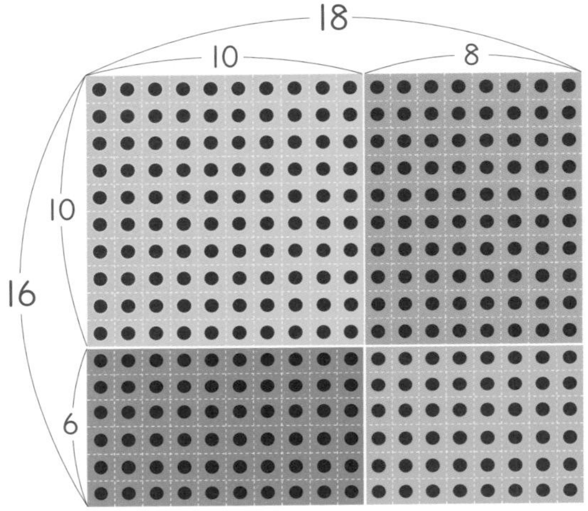

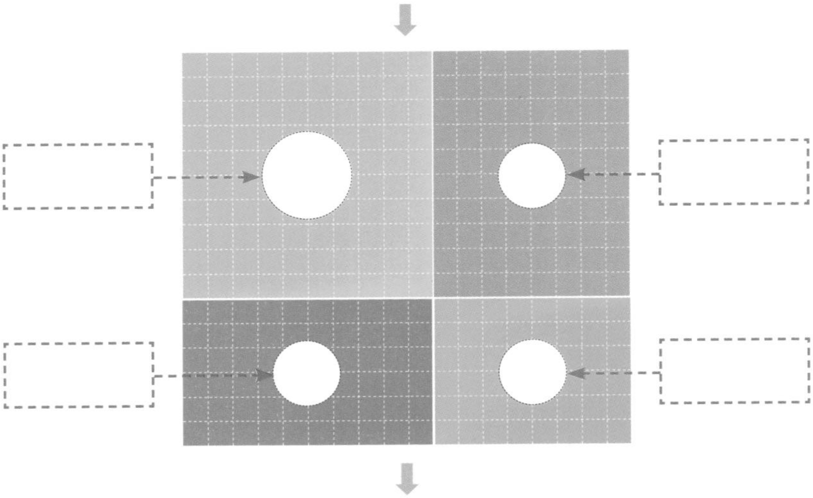

16×18= ☐ + ☐ + ☐ + ☐ = ☐

도전문제(3)

15 × 19

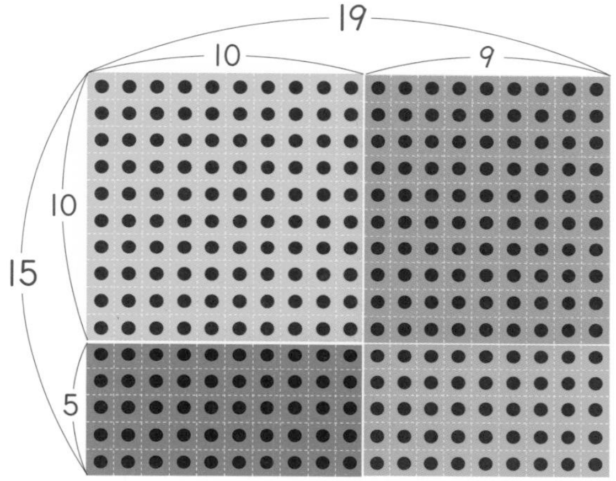

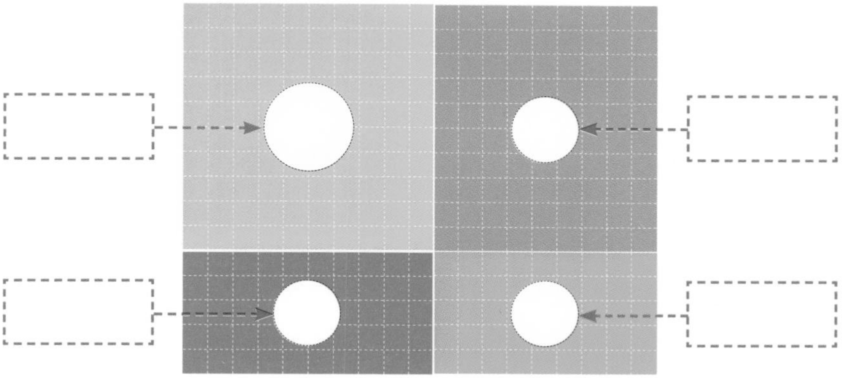

15×19= ☐ + ☐ + ☐ + ☐ = ☐

2단계 갈라서 더하기

도전문제(4)

17×16

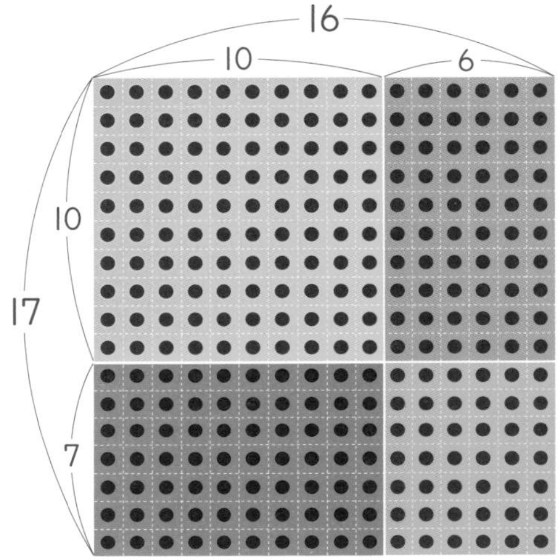

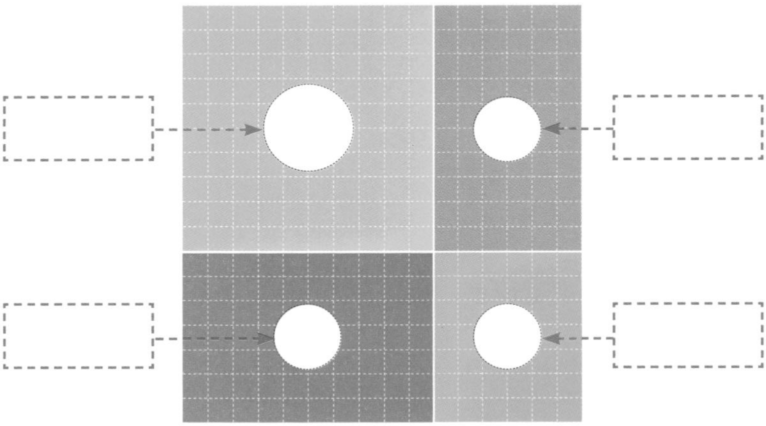

$17 \times 16 =$ ☐ + ☐ + ☐ + ☐ = ☐

표 만들기

표 만들기

바둑돌을 세는 것보다는 표를 만들면 계산이 훨씬 간단합니다.
1단계와 2단계에서 익힌 내용을 이번에는 표에 옮겨서 적어 봅시다.

(1) (십몇) × (몇)

예시문제

14 × 3

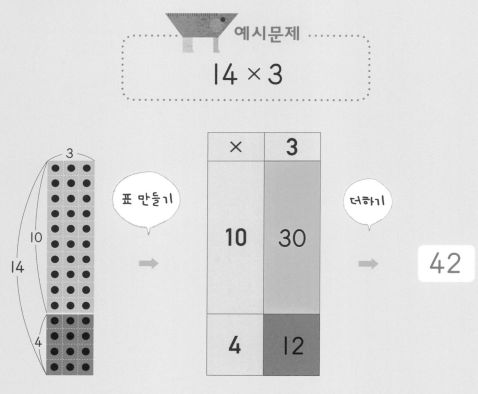

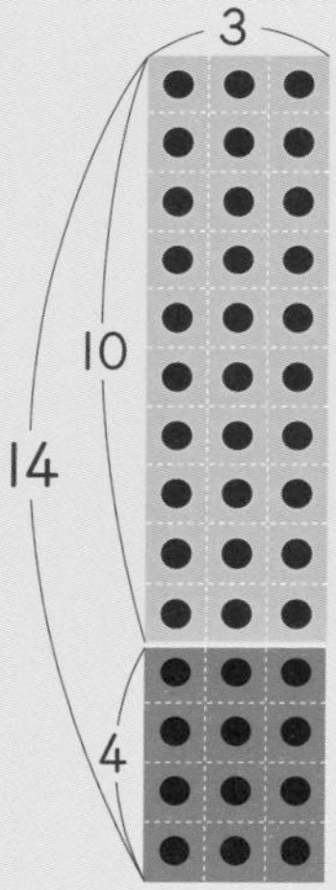

표 만들기 ➡

×	3
10	30
4	12

더하기 ➡ 42

$$14 \times 3 = 30 + 12 = 42$$

핵심 포인트 모눈 그림이 어떻게 표로 연결되는지를 눈여겨보세요. 그래야 표 안에 적힌 수의 의미를 이해할 수 있습니다.

도전문제(1)

15 × 6

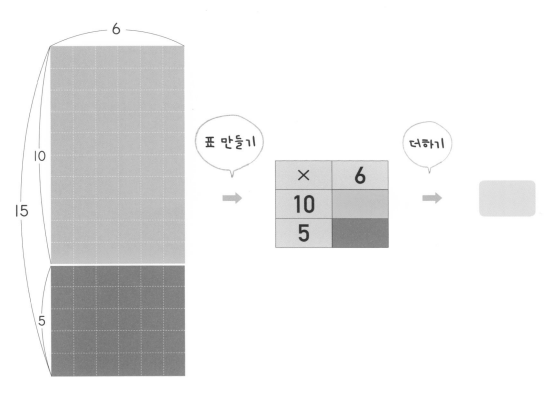

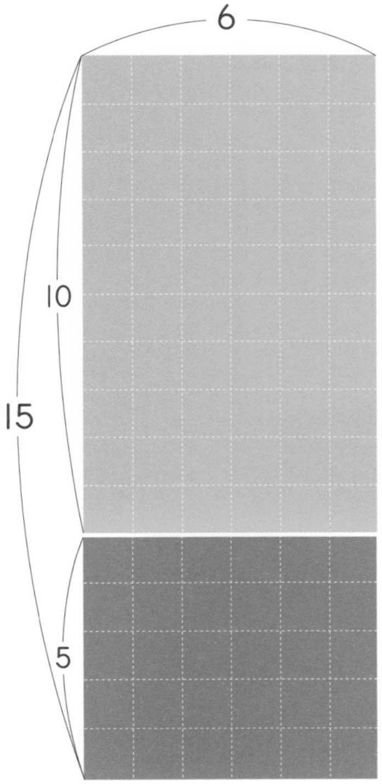

표 만들기 →

×	6
10	
5	

더하기 →

$15 \times 6 = \square + \square = \square$

3단계 표 만들기

도전문제(2)

7×13

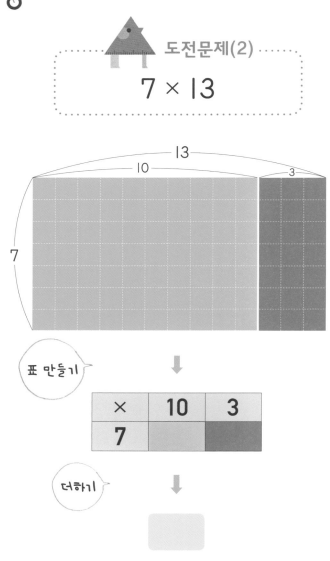

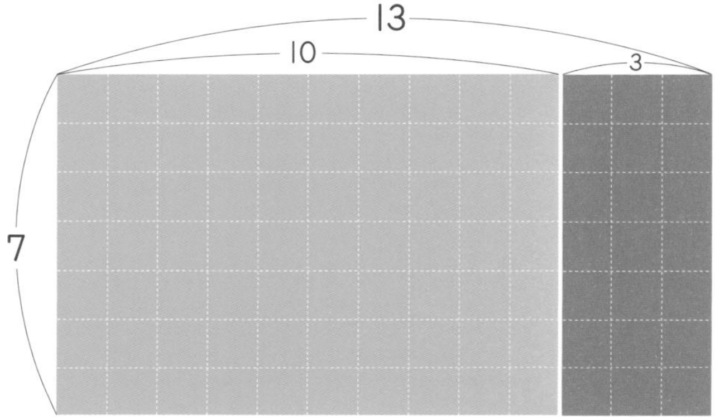

표 만들기

×	10	3
7		

더하기

$7 \times 13 = \square + \square = \square$

도전문제(3)

17 × 6

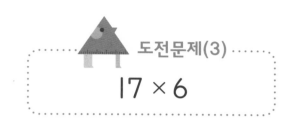

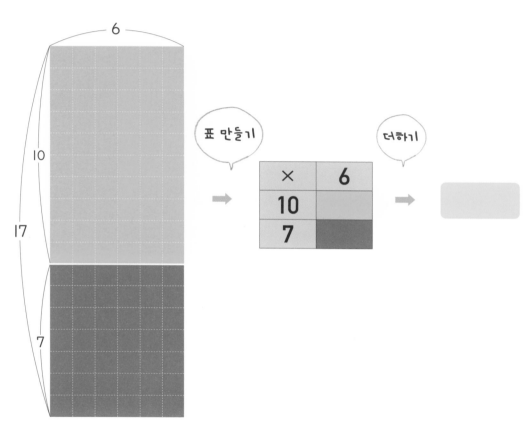

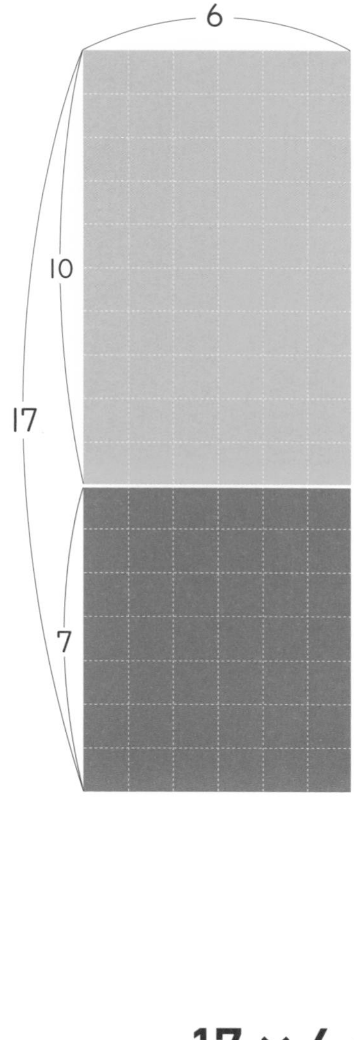

표 만들기 →

×	6
10	
7	

더하기 → □

17 × 6 = □ + □ = □

표 만들기

도전문제(4)

9×13

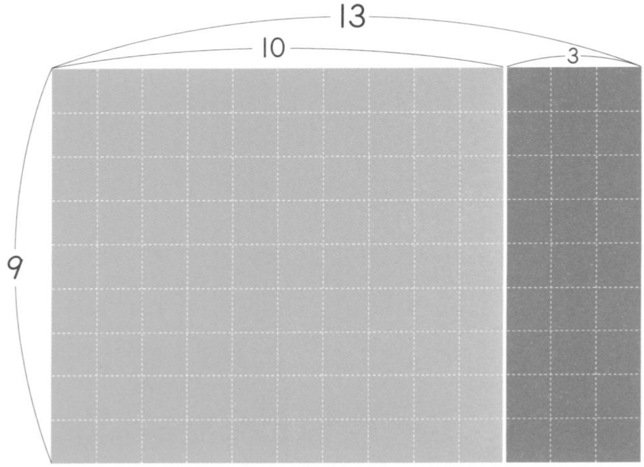

표 만들기

×	10	3
9		

더하기

$9 \times 13 = \square + \square = \square$

도전문제(5)

15×5

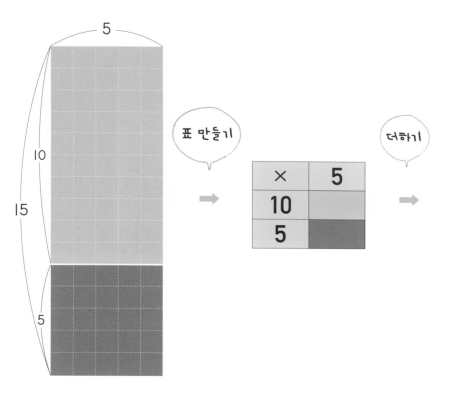

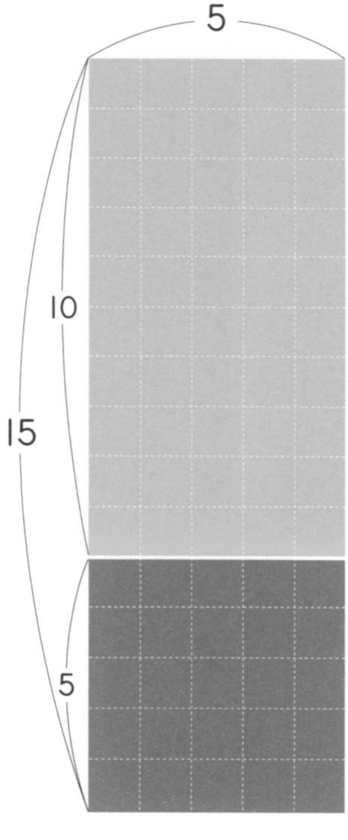

표 만들기 →

×	5
10	
5	

더하기 → ☐

$15 \times 5 =$ ☐ $+$ ☐ $=$ ☐

3단계 표 만들기

도전문제(6)

6 × 18

×	10	8
6		

더하기 ➡

도전문제(7)

16 × 9

×	9
10	
6	

더하기 ➡

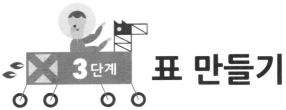

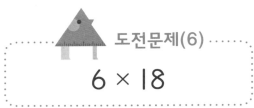

도전문제(8)

5×19

×	10	9
5		

더하기 ➡

도전문제(9)

18×7

×	7
10	
8	

더하기 ➡

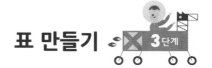

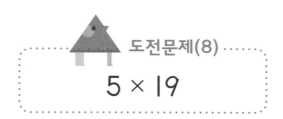

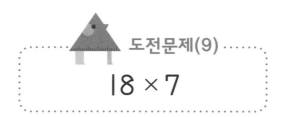

3단계 표 만들기

(2) (백몇 십몇) × (몇)

100보다 큰 세 자리 수는 백의 자리, 십의 자리, 일의 자리로 갈라 줍니다. 그 다음 각각 (몇)과 곱합니다. 그러고 나서 모두 더해 주면 됩니다.

예시문제

4×137

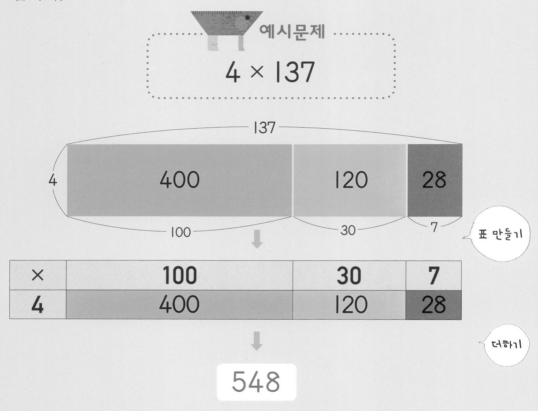

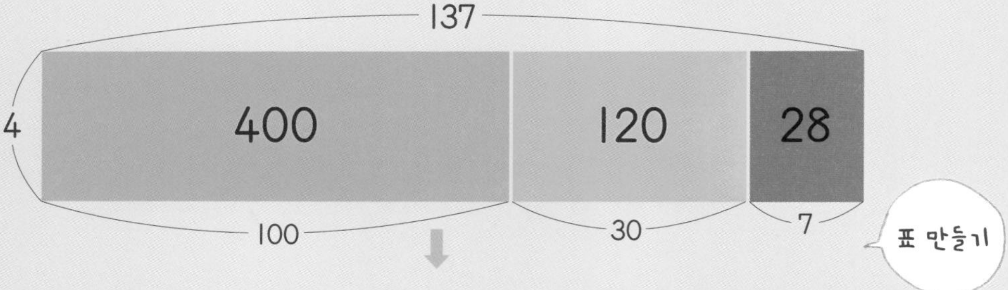

×	100	30	7
4	400	120	28

더하기

548

$4 \times 137 = 400 + 120 + 28 = 548$

핵심 포인트 4×100=400을 이용하면 쉽게 계산할 수 있습니다.

도전문제(1)

125 × 8

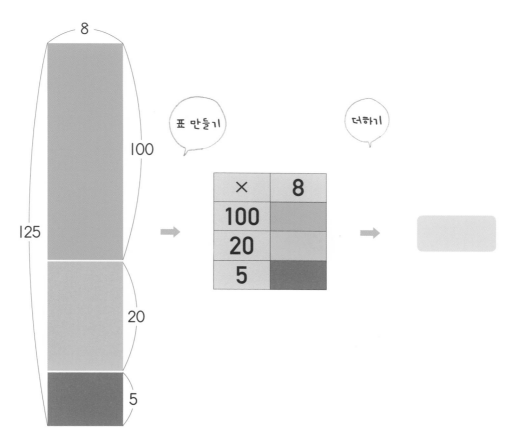

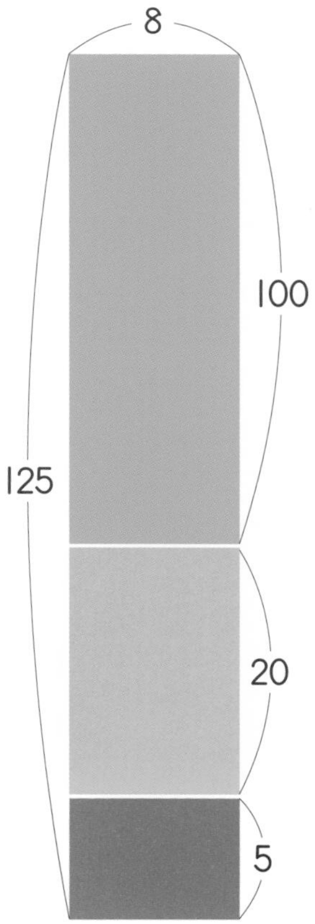

표 만들기

×	8
100	
20	
5	

더하기

$$125 \times 8 = \square + \square + \square = \square$$

표 만들기

도전문제(2)

6×154

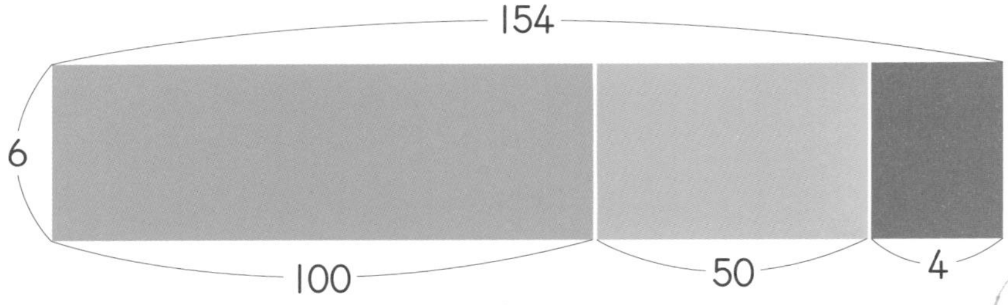

표 만들기

×	100	50	4
6			

더하기

$6 \times 154 = \square + \square + \square = \square$

도전문제(3)

177 × 7

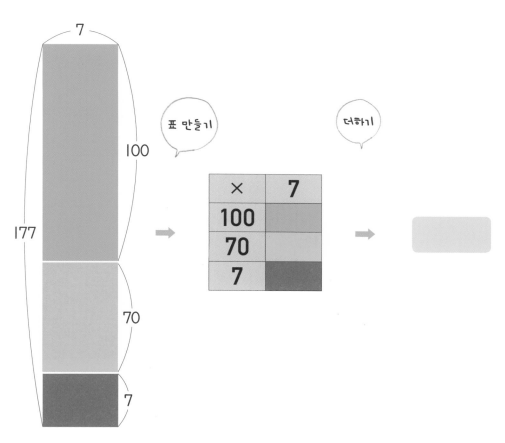

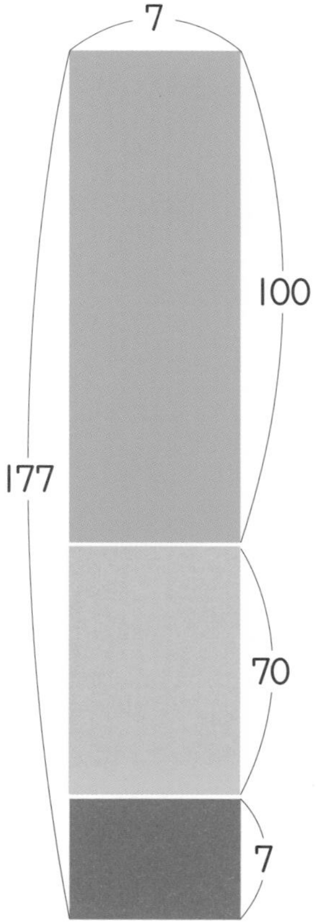

표 만들기 → 더하기

×	7
100	
70	
7	

→ □

$177 \times 7 = \square + \square + \square = \square$

3단계 표 만들기

도전문제(4)

9×146

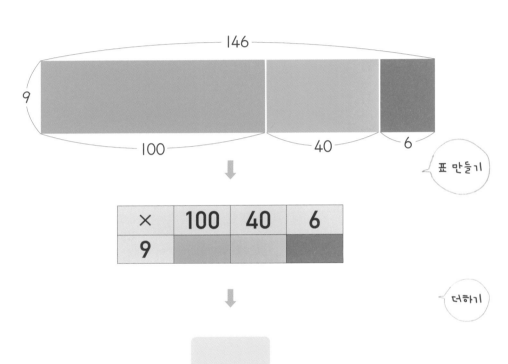

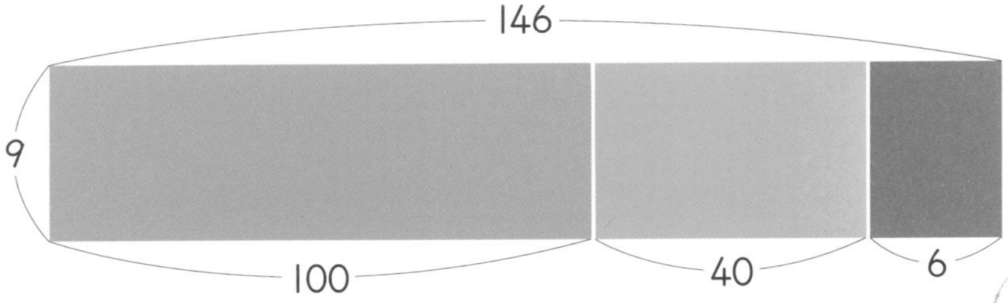

표 만들기

×	100	40	6
9			

더하기

$9 \times 146 = \square + \square + \square = \square$

도전문제(5)

103 × 8

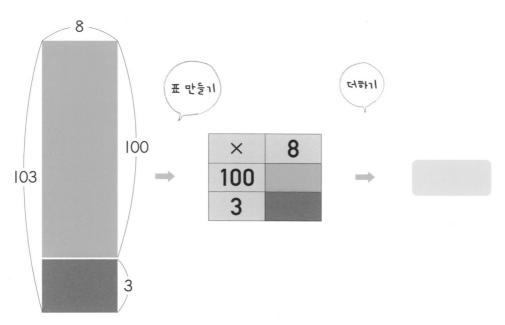

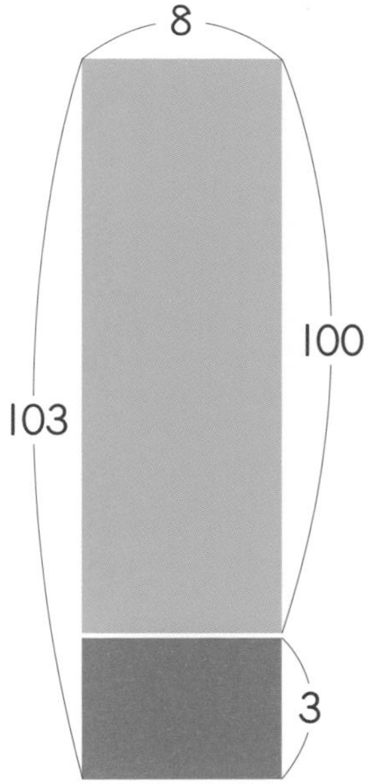

표 만들기 →

×	8
100	
3	

더하기 → [ ]

$103 \times 8 = \square + \square = \square$

3단계 표 만들기

(3) (십몇) × (십몇)

예시문제

12×17

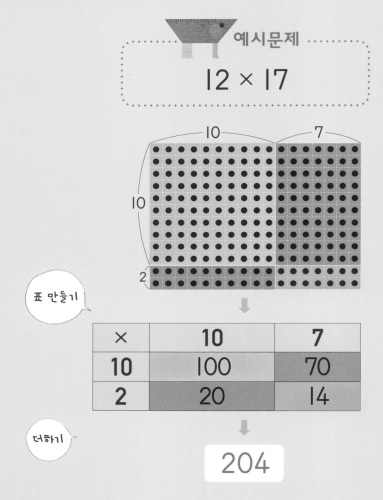

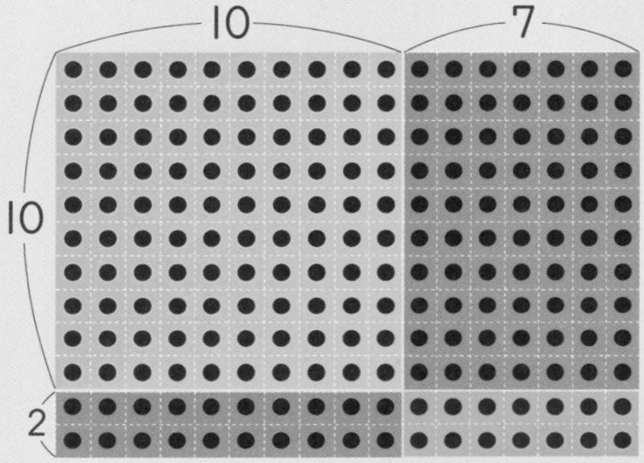

표 만들기

×	10	7
10	100	70
2	20	14

더하기

204

$12 \times 17 = 100 + 70 + 20 + 14 = 204$

핵심 포인트 표 안에 들어가는 수는 그림 속 바둑돌의 개수입니다.

도전문제(1)

13 × 15

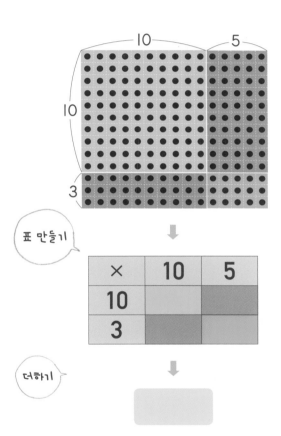

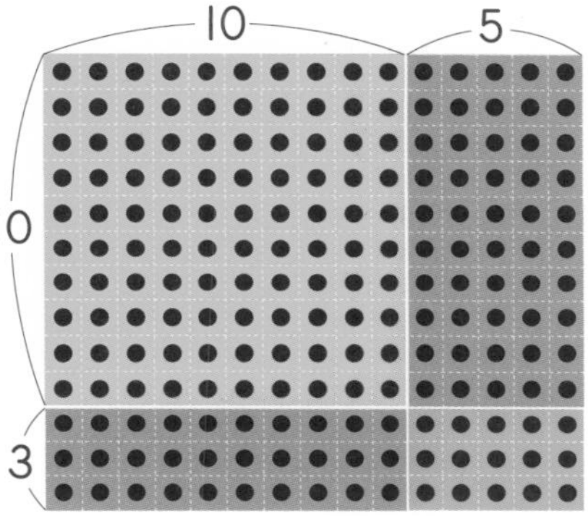

표 만들기

×	10	5
10		
3		

더하기

13 × 15 = ☐ + ☐ + ☐ + ☐ = ☐

3단계

표 만들기

도전문제(2)

13 × 16

×	10	6
10		
3		

더하기 →

도전문제(3)

16 × 14

×	10	4
10		
6		

더하기 →

도전문제(4)

13 × 19

×	10	9
10		
3		

더하기 →

도전문제(5)

11×19

×	10	9
10		
1		

더하기 →

도전문제(6)

22×17

×	10	7
20		
2		

더하기 →

도전문제(7)

17×24

×	20	4
10		
7		

더하기 →

3단계 표 만들기

도전문제(8)

29 × 13

×	10	3
20		
9		

더하기 →

도전문제(9)

18 × 28

×	20	8
10		
8		

더하기 →

도전문제(10)

13 × 22

×	20	2
10		
3		

더하기 →

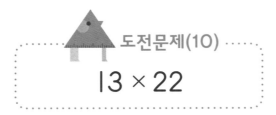

도전문제(11)

19 × 23

×	20	3
10		
9		

더하기 ➡

도전문제(12)

28 × 14

×	10	4
20		
8		

더하기 ➡

도전문제(13)

23 × 27

×	20	7
20		
3		

더하기 ➡

3단계 표 만들기

도전문제(14)

$$37 \times 17$$

×	10	7
30		
7		

더하기 →

도전문제(15)

$$48 \times 15$$

×	10	5
40		
8		

더하기 →

도전문제(16)

$$52 \times 45$$

×	40	5
50		
2		

더하기 →

도전문제(17)

39×14

×	10	4
30		
9		

더하기 →

도전문제(18)

46×19

×	10	9
40		
6		

더하기 →

도전문제(19)

54×38

×	30	8
50		
4		

더하기 →

3단계 표 만들기

연습문제(1)

① $11 \times 14 =$ ☐

×	10	4
10		
1		

② $16 \times 12 =$ ☐

×	10	2
10		
6		

③ $13 \times 13 =$ ☐

×	10	3
10		
3		

④ $12 \times 19 =$ ☐

×	10	9
10		
2		

⑤ $14 \times 18 =$ ☐

×	10	8
10		
4		

⑥ $15 \times 13 =$ ☐

×	10	3
10		
5		

⑦ $16 \times 16 =$ ☐

×	10	6
10		
6		

⑧ $19 \times 11 =$ ☐

×	10	1
10		
9		

연습문제(2)

① $21 \times 13 =$ ☐

×	10	3
20		
1		

② $16 \times 25 =$ ☐

×	20	5
10		
6		

③ $17 \times 27 =$ ☐

×	20	7
10		
7		

④ $15 \times 24 =$ ☐

×	20	4
10		
5		

⑤ $22 \times 11 =$ ☐

×	10	1
20		
2		

⑥ $26 \times 15 =$ ☐

×	10	5
20		
6		

⑦ $24 \times 24 =$ ☐

×	20	4
20		
4		

⑧ $28 \times 19 =$ ☐

×	10	9
20		
8		

3단계 표 만들기

연습문제(3)

① $14 \times 27 =$ ☐

×	20	7
10		
4		

② $26 \times 32 =$ ☐

×	30	2
20		
6		

③ $33 \times 47 =$ ☐

×	40	7
30		
3		

④ $45 \times 59 =$ ☐

×	50	9
40		
5		

⑤ $51 \times 62 =$ ☐

×	60	2
50		
1		

⑥ $68 \times 71 =$ ☐

×	70	1
60		
8		

⑦ $75 \times 82 =$ ☐

×	80	2
70		
5		

⑧ $89 \times 91 =$ ☐

×	90	1
80		
9		

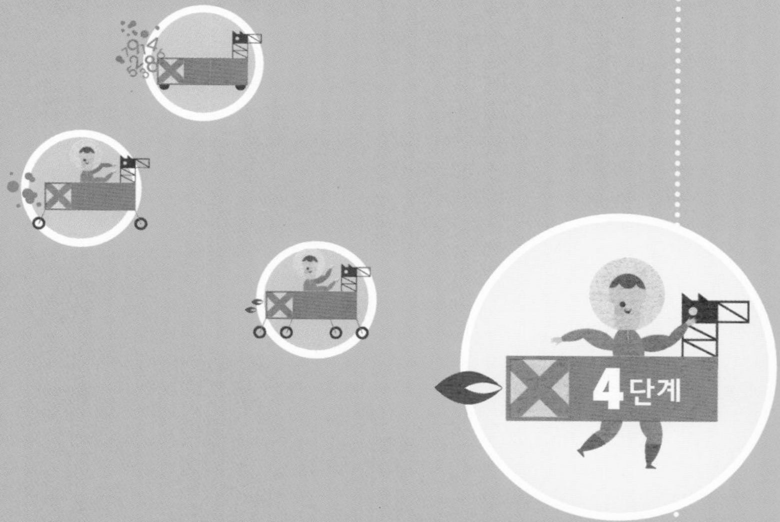

암산하기

4단계 암산하기

지금까지의 과정을 머릿속에 담아, 간단히 답만 씁니다.

예시문제

12 × 17

×	10	7
10	100	70
2	20	14

대각선 먼저!

12 × 17 = 204

핵심 포인트 표에서 대각선(오른쪽 위에서 왼쪽 아래) 방향으로 먼저 더하고, 그 다음 일의 자리 수끼리의 곱을 더합니다. 그러고 나서 맨 나중에 100을 더하면 암산하기가 쉽습니다.

도전문제(1)

15 × 18

×	10	8
10		
5		

15 × 18 =

도전문제(2)

21 × 24

×	20	4
20		
1		

21 × 24 =

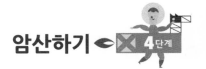

암산하기

연습문제(1)

머릿속으로만 계산해서 답을 구하세요.　　　　분　　초

① $13 \times 14 =$ ☐

② $11 \times 19 =$ ☐

③ $15 \times 12 =$ ☐

④ $18 \times 16 =$ ☐

⑤ $13 \times 18 =$ ☐

⑥ $11 \times 17 =$ ☐

⑦ $12 \times 16 =$ ☐

⑧ $14 \times 19 =$ ☐

⑨ $13 \times 17 =$ ☐

⑩ $19 \times 19 =$ ☐

⑪ $16 \times 14 =$ ☐

⑫ $18 \times 17 =$ ☐

⑬ $14 \times 13 =$ ☐

⑭ $17 \times 11 =$ ☐

⑮ $16 \times 17 =$ ☐

⑯ $11 \times 12 =$ ☐

⑰ $19 \times 11 =$ ☐

⑱ $12 \times 17 =$ ☐

⑲ $18 \times 14 =$ ☐

⑳ $12 \times 13 =$ ☐

연습문제(2)

머릿속으로만 계산해서 답을 구하세요. 분 초

① $11 \times 14 =$	⑪ $18 \times 12 =$
② $16 \times 18 =$	⑫ $16 \times 13 =$
③ $14 \times 17 =$	⑬ $12 \times 11 =$
④ $19 \times 14 =$	⑭ $14 \times 14 =$
⑤ $18 \times 13 =$	⑮ $15 \times 18 =$
⑥ $19 \times 13 =$	⑯ $13 \times 14 =$
⑦ $17 \times 17 =$	⑰ $16 \times 11 =$
⑧ $12 \times 16 =$	⑱ $12 \times 15 =$
⑨ $15 \times 11 =$	⑲ $15 \times 17 =$
⑩ $13 \times 12 =$	⑳ $16 \times 16 =$

4단계 암산하기

연습문제(3)

머릿속으로만 계산해서 답을 구하세요.　　　　분　　초

① $17 \times 15 =$ ☐

② $19 \times 18 =$ ☐

③ $16 \times 12 =$ ☐

④ $14 \times 18 =$ ☐

⑤ $19 \times 16 =$ ☐

⑥ $11 \times 18 =$ ☐

⑦ $12 \times 19 =$ ☐

⑧ $11 \times 15 =$ ☐

⑨ $13 \times 16 =$ ☐

⑩ $18 \times 19 =$ ☐

⑪ $11 \times 16 =$ ☐

⑫ $14 \times 15 =$ ☐

⑬ $17 \times 19 =$ ☐

⑭ $15 \times 16 =$ ☐

⑮ $13 \times 19 =$ ☐

⑯ $17 \times 18 =$ ☐

⑰ $15 \times 13 =$ ☐

⑱ $19 \times 14 =$ ☐

⑲ $18 \times 15 =$ ☐

⑳ $17 \times 16 =$ ☐

연습문제(4)

머릿속으로만 계산해서 답을 구하세요. 분 초

① 11 × 13 = ☐

② 12 × 14 = ☐

③ 16 × 12 = ☐

④ 18 × 11 = ☐

⑤ 17 × 13 = ☐

⑥ 15 × 15 = ☐

⑦ 14 × 16 = ☐

⑧ 13 × 15 = ☐

⑨ 19 × 12 = ☐

⑩ 14 × 11 = ☐

⑪ 16 × 15 = ☐

⑫ 14 × 15 = ☐

⑬ 13 × 13 = ☐

⑭ 12 × 18 = ☐

⑮ 17 × 12 = ☐

⑯ 11 × 11 = ☐

⑰ 16 × 19 = ☐

⑱ 14 × 12 = ☐

⑲ 13 × 17 = ☐

⑳ 18 × 18 = ☐

4단계

암산하기

연습문제(5)

머릿속으로만 계산해서 답을 구하세요.　　　분　　초

① $11 \times 12 =$ ☐

② $15 \times 11 =$ ☐

③ $14 \times 14 =$ ☐

④ $16 \times 11 =$ ☐

⑤ $18 \times 18 =$ ☐

⑥ $18 \times 15 =$ ☐

⑦ $14 \times 12 =$ ☐

⑧ $19 \times 17 =$ ☐

⑨ $16 \times 19 =$ ☐

⑩ $14 \times 19 =$ ☐

⑪ $13 \times 13 =$ ☐

⑫ $17 \times 12 =$ ☐

⑬ $15 \times 17 =$ ☐

⑭ $17 \times 15 =$ ☐

⑮ $11 \times 16 =$ ☐

⑯ $15 \times 18 =$ ☐

⑰ $16 \times 13 =$ ☐

⑱ $12 \times 16 =$ ☐

⑲ $17 \times 14 =$ ☐

⑳ $19 \times 18 =$ ☐

정답

15쪽

바둑돌 세기 1단계

도전문제(1)

2 × 7

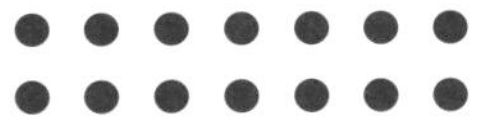

방법 1

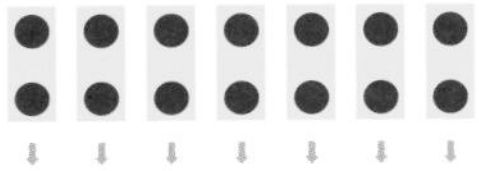

2 + 2 + 2 + 2 + 2 + 2 + 2 = 14

방법 2

→ 7
→ 7
\+
14

15

16쪽

1단계 바둑돌 세기

도전문제(2)

5 × 8

방법 2

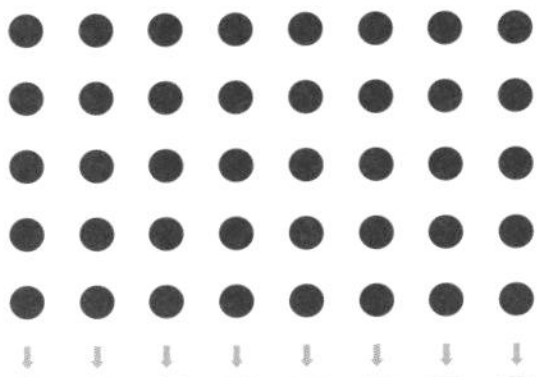

→ 8
→ 8
→ 8
→ 8
→ 8
\+
40

방법 1 5 + 5 + 5 + 5 + 5 + 5 + 5 + 5 = 40

16

17쪽

바둑돌 세기 1단계

도전문제(3)

7 × 5

방법 2

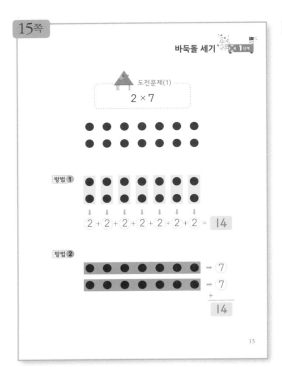

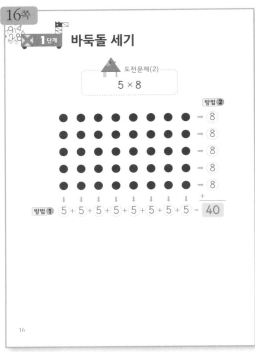

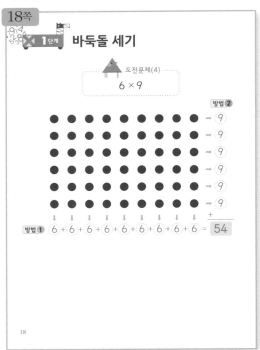

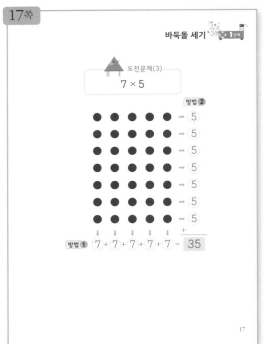

→ 5
→ 5
→ 5
→ 5
→ 5
→ 5
→ 5
\+
35

방법 1 7 + 7 + 7 + 7 + 7 = 35

17

18쪽

1단계 바둑돌 세기

도전문제(4)

6 × 9

방법 2

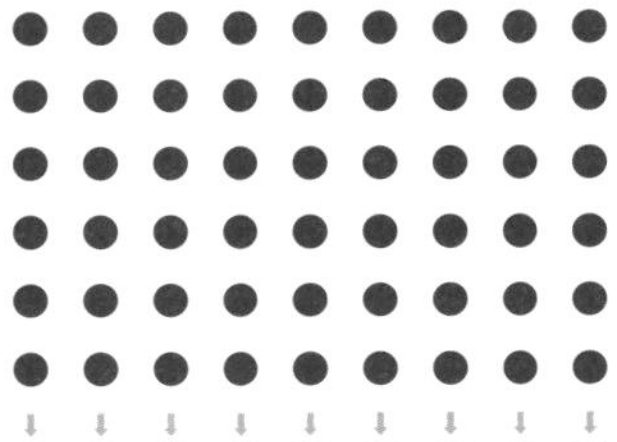

→ 9
→ 9
→ 9
→ 9
→ 9
→ 9
\+
54

방법 1 6 + 6 + 6 + 6 + 6 + 6 + 6 + 6 + 6 = 54

18

19쪽

바둑돌 세기 1단계

도전문제(5)

8 × 7

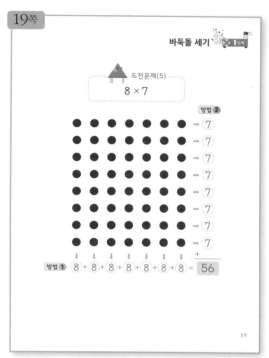

방법 2

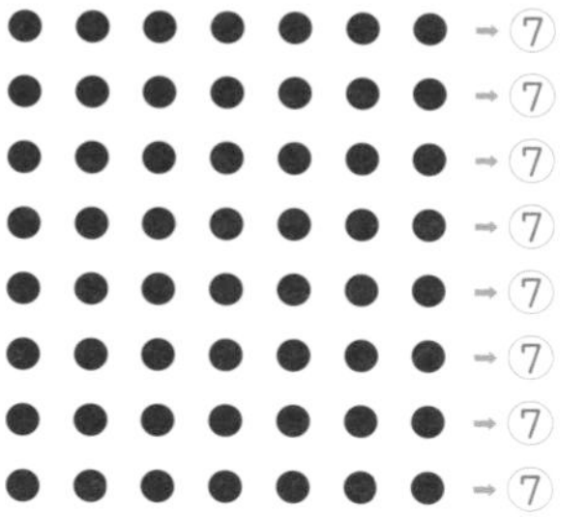

방법 1 8 + 8 + 8 + 8 + 8 + 8 + 8 = 56

19

20쪽

1단계 바둑돌 세기

도전문제(6)

9 × 9

방법 2

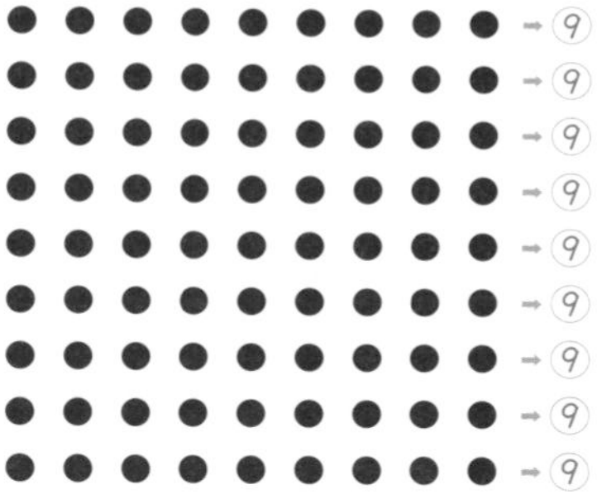

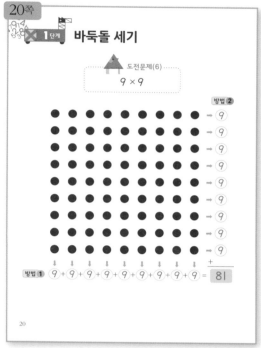

방법 1 9 + 9 + 9 + 9 + 9 + 9 + 9 + 9 + 9 = 81

20

21쪽

바둑돌 세기 1단계

연습문제

□ 안에 알맞은 수를 쓰세요.

① 3 × 7 = 21

② 2 × 5 = 10

③ 4 × 7 = 28

④ 5 × 9 = 45

⑤ 7 × 7 = 49

⑥ 8 × 7 = 56

⑦ 4 × 5 = 20

⑧ 7 × 5 = 35

⑨ 4 × 8 = 32

⑩ 3 × 9 = 27

⑪ 6 × 5 = 30

⑫ 6 × 8 = 48

⑬ 9 × 2 = 18

⑭ 9 × 9 = 81

⑮ 9 × 7 = 63

⑯ 2 × 8 = 16

21

23쪽

바둑돌 세기 1단계

도전문제(1)

3 × 10

방법 2

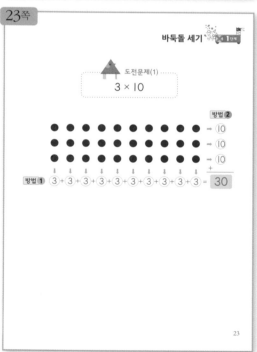

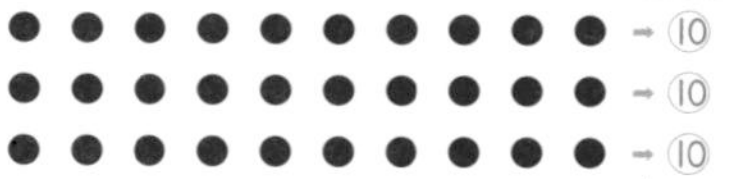

방법 1 3 + 3 + 3 + 3 + 3 + 3 + 3 + 3 + 3 + 3 = 30

23

24쪽

1단계 바둑돌 세기

도전문제(2)

7 × 10

방법 2

10
10
10
10
10
10
10
+
70

방법 1 7 + 7 + 7 + 7 + 7 + 7 + 7 + 7 + 7 + 7 = 70

24

25쪽

바둑돌 세기 1단계

도전문제(3)

5 × 10

방법 2

10
10
10
10
10
+
50

방법 1 5 + 5 + 5 + 5 + 5 + 5 + 5 + 5 + 5 + 5 = 50

25

26쪽

1단계 바둑돌 세기

도전문제(4)

10 × 6

방법 2

6
6
6
6
6
6
6
6
6
6
+
60

방법 1 10 + 10 + 10 + 10 + 10 + 10 = 60

26

27쪽

바둑돌 세기 1단계

도전문제(5)

10 × 9

방법 2

9
9
9
9
9
9
9
9
9
9
+
90

방법 1 10 + 10 + 10 + 10 + 10 + 10 + 10 + 10 + 10 = 90

27

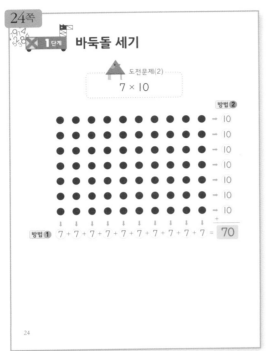

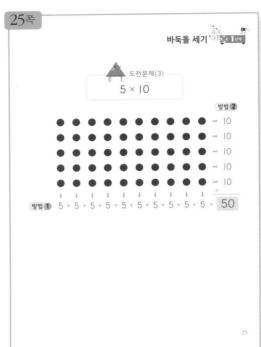

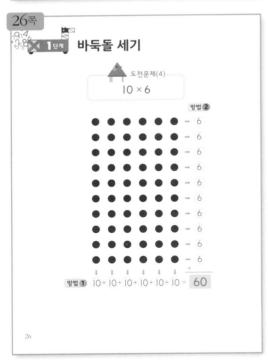

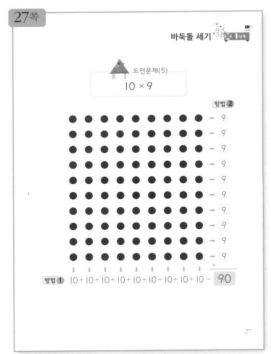

28쪽

1단계 **바둑돌 세기**

도전문제(6)

10 × 10

방법 2

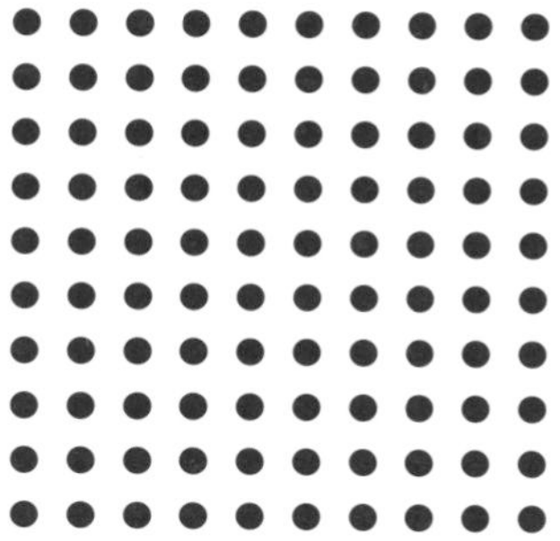

→ 10
→ 10
→ 10
→ 10
→ 10
→ 10
→ 10
→ 10
→ 10
→ 10
+

방법 1 10+10+10+10+10+10+10+10+10+10 = 100

28

29쪽

바둑돌 세기 1단계

연습문제

☐ 안에 알맞은 수를 쓰세요.

① 2 × 10 = 20
② 7 × 10 = 70
③ 10 × 5 = 50
④ 10 × 8 = 80
⑤ 10 × 4 = 40
⑥ 10 × 6 = 60
⑦ 4 × 10 = 40
⑧ 10 × 9 = 90
⑨ 3 × 10 = 30
⑩ 6 × 10 = 60
⑪ 10 × 2 = 20
⑫ 10 × 7 = 70
⑬ 9 × 10 = 90
⑭ 8 × 10 = 80
⑮ 5 × 10 = 50
⑯ 10 × 10 = 100

29

31쪽

바둑돌 세기 1단계

도전문제(1)

5 × 100

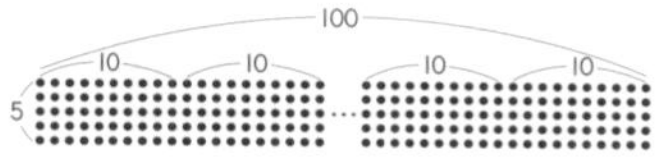

5를 100 번 더하기

방법 1 5+5+5+5+ ··· +5+5+5+5 = 500

방법 2

  100
  100
  100
  100
+ 100

  500

100을 5 번 더하기

31

32쪽

1단계 **바둑돌 세기**

도전문제(2)

100 × 7

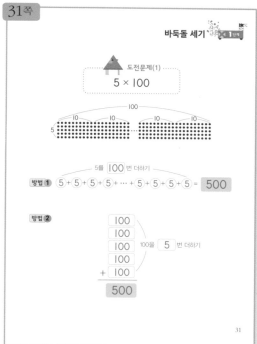

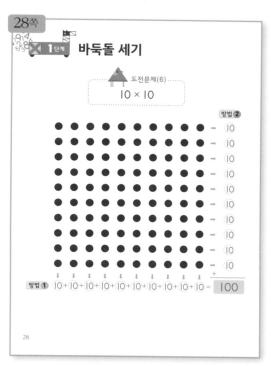

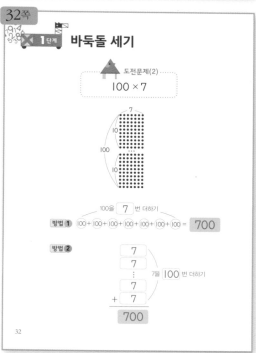

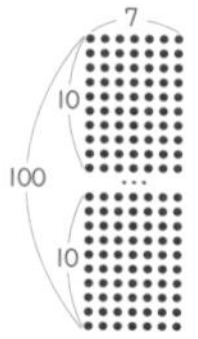

100을 7 번 더하기

방법 1 100+100+100+100+100+100+100 = 700

방법 2

  7
  7
  ⋮
  7
+ 7

  700

7을 100 번 더하기

32

바둑돌 세기 **1단계**

▲ 도전문제(3)

9×100

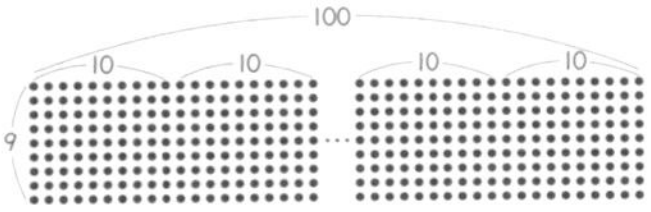

9를 100번 더하기

방법 **1** $9 + 9 + 9 + 9 + 9 + \cdots + 9 + 9 + 9 + 9 + 9 =$ **900**

방법 **2**

$$
\begin{array}{r}
100 \\
100 \\
100 \\
100 \\
100 \\
100 \\
100 \\
100 \\
+\ 100 \\
\hline
900
\end{array}
$$

100을 9번 더하기

33

1단계 바둑돌 세기

연습문제

☐ 안에 알맞은 수를 쓰세요.

① $2 \times 100 =$ 200   ⑨ $3 \times 100 =$ 300

② $7 \times 100 =$ 700   ⑩ $6 \times 100 =$ 600

③ $100 \times 5 =$ 500   ⑪ $100 \times 2 =$ 200

④ $100 \times 8 =$ 800   ⑫ $100 \times 7 =$ 700

⑤ $100 \times 4 =$ 400   ⑬ $9 \times 100 =$ 900

⑥ $100 \times 6 =$ 600   ⑭ $8 \times 100 =$ 800

⑦ $4 \times 100 =$ 400   ⑮ $5 \times 100 =$ 500

⑧ $100 \times 9 =$ 900   ⑯ $10 \times 100 =$ 1000

34

갈라서 더하기 **2단계**

▲ 도전문제(1)

15×6

$10 \rightarrow 10 \times 6 = 60$

$5 \rightarrow 5 \times 6 = 30$

더하기 → 90

가르기

15×6

$(10 + 5) \times 6 = 10 \times 6 + 5 \times 6 =$ 90

37

2단계 갈라서 더하기

▲ 도전문제(2)

6×13

가르기

6×10 6×3

60 18

더하기

78

6×13

$6 \times (10 + 3) = 6 \times 10 + 6 \times 3 =$ 78

38

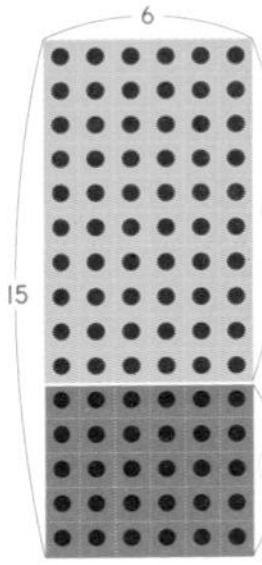

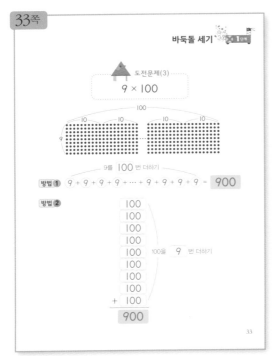

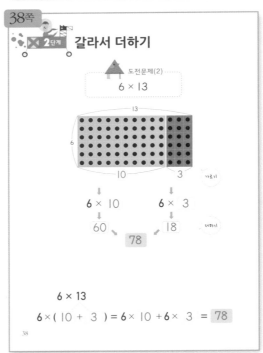

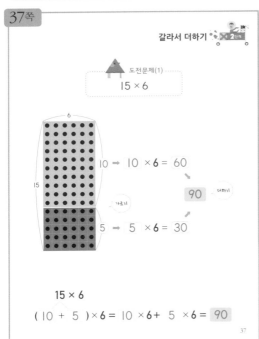

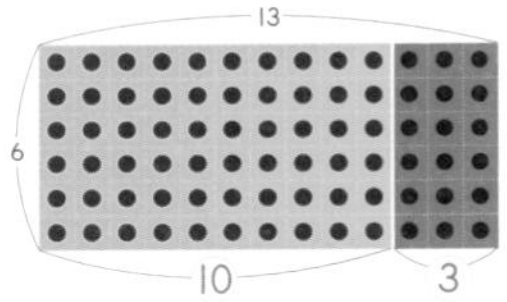

39쪽

갈라서 더하기 2단계

도전문제(3)

17 × 4

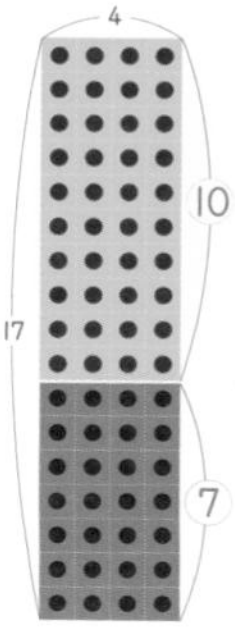

10 → 10 × 4 = 40

가르기 / 더하기 → 68

7 → 7 × 4 = 28

17 × 4

(10 + 7) × 4 = 10 × 4 + 7 × 4 = 68

39

40쪽

2단계 갈라서 더하기

도전문제(4)

9 × 12

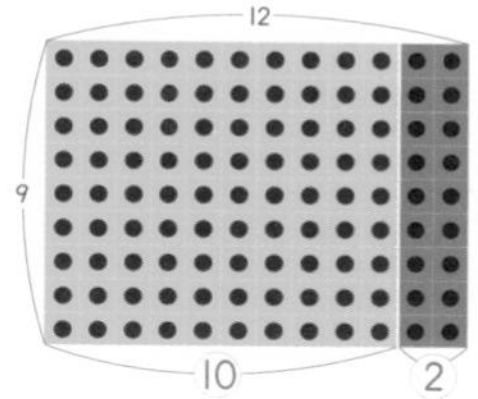

가르기

9 × 10 → 90

9 × 2 → 18

더하기 → 108

9 × 12

9 × (10 + 2) = 9 × 10 + 9 × 2 = 108

40

41쪽

갈라서 더하기 2단계

도전문제(5)

18 × 5

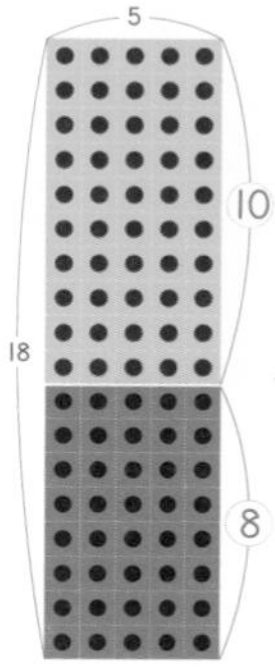

10 → 10 × 5 = 50

가르기 / 더하기 → 90

8 → 8 × 5 = 40

18 × 5

(10 + 8) × 5 = 10 × 5 + 8 × 5 = 90

41

42쪽

2단계 갈라서 더하기

도전문제(6)

4 × 18

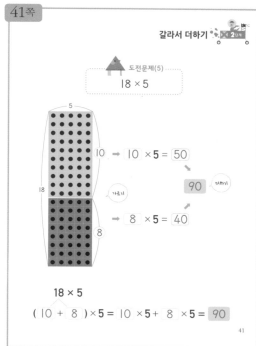

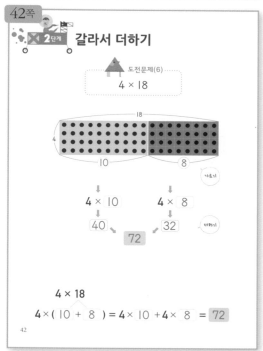

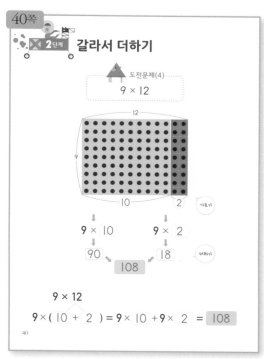

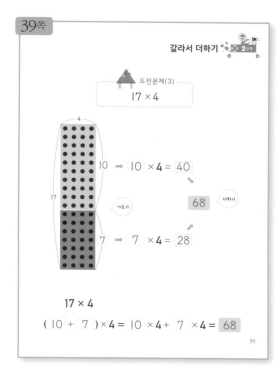

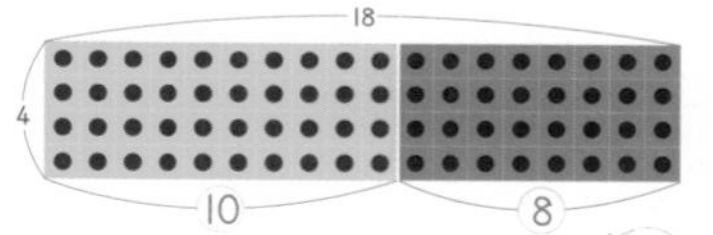

가르기

4 × 10 → 40

4 × 8 → 32

더하기 → 72

4 × 18

4 × (10 + 8) = 4 × 10 + 4 × 8 = 72

42

43쪽

갈라서 더하기 2단계

도전문제(7)

16 × 5

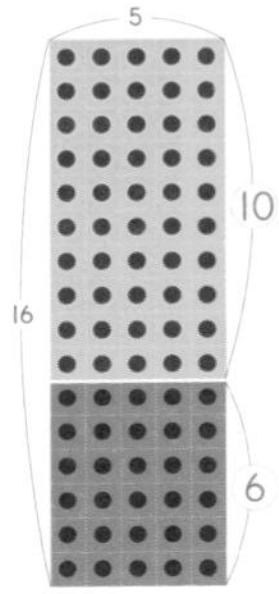

10 → 10 × 5 = 50

6 → 6 × 5 = 30

가르기 · 더하기 → 80

16 × 5

(10 + 6) × 5 = 10 × 5 + 6 × 5 = 80

44쪽

2단계 갈라서 더하기

도전문제(8)

7 × 19

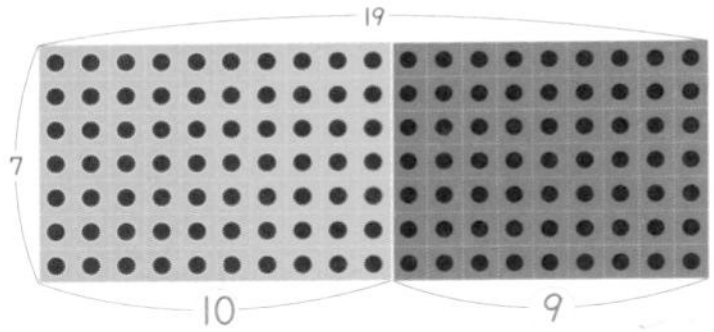

가르기

7 × 10 → 70

7 × 9 → 63

더하기 → 133

7 × 19

7 × (10 + 9) = 7 × 10 + 7 × 9 = 133

45쪽

갈라서 더하기 3단계

도전문제(9)

19 × 9

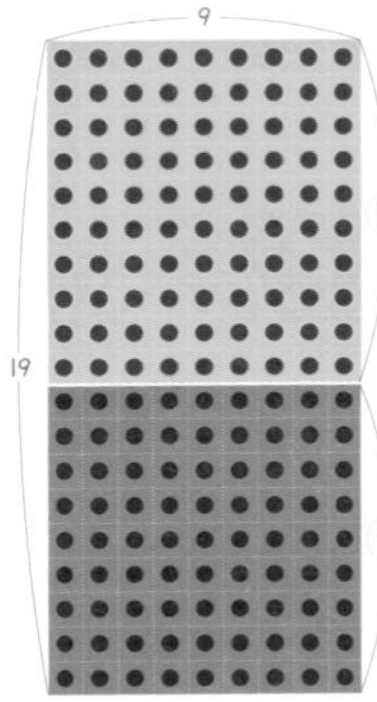

10 → 10 × 9 = 90

9 → 9 × 9 = 81

가르기 · 더하기 → 171

19 × 9

(10 + 9) × 9 = 10 × 9 + 9 × 9 = 171

47쪽

갈라서 더하기 2단계

도전문제(1)

10 × 17

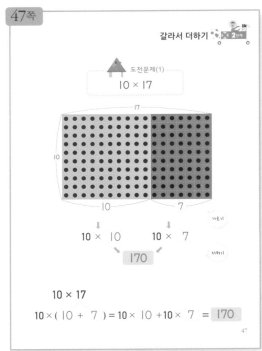

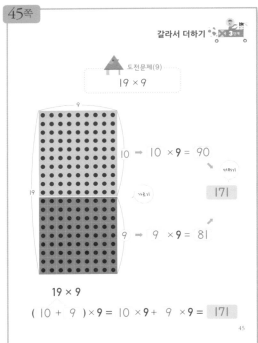

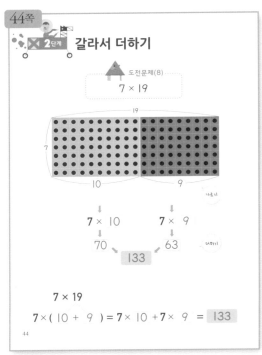

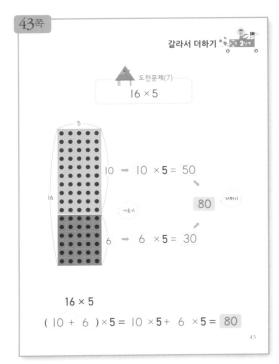

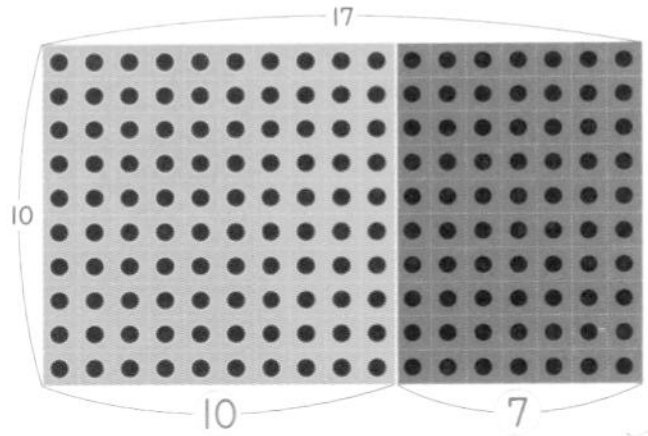

가르기

10 × 10

10 × 7

더하기 → 170

10 × 17

10 × (10 + 7) = 10 × 10 + 10 × 7 = 170

48쪽

2단계 갈라서 더하기

도전문제(2)

18 × 10

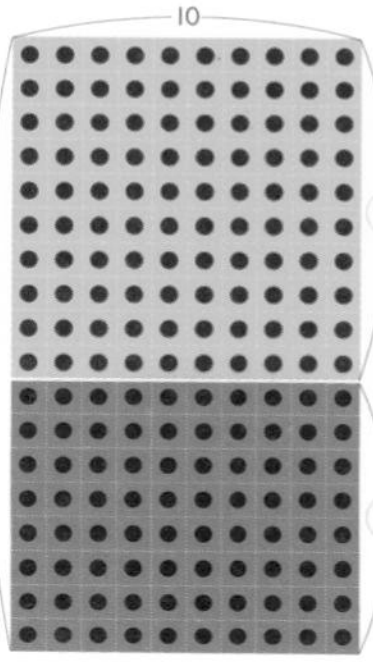

10 → 10 × 10 = 100

가르기 · 더하기 180

8 → 8 × 10 = 80

18 × 10

(10 + 8) × 10 = 10 × 10 + 8 × 10 = 180

48

49쪽

갈라서 더하기 2단계

도전문제(3)

10 × 15

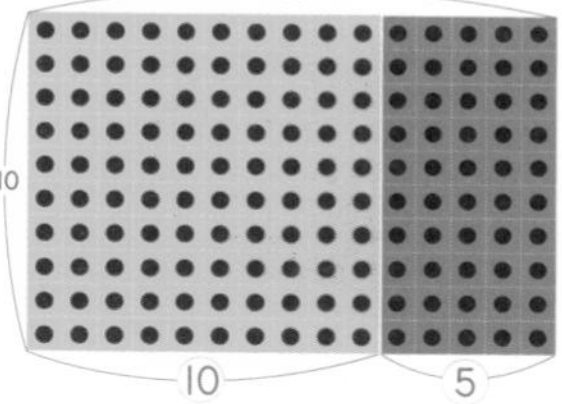

가르기

10 × 10 　 10 × 5

150

더하기

10 × 15

10 × (10 + 5) = 10 × 10 + 10 × 5 = 150

49

50쪽

2단계 갈라서 더하기

도전문제(4)

12 × 10

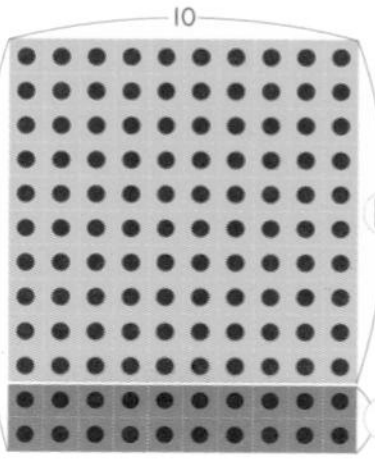

10 → 10 × 10 = 100

더하기 120

가르기

2 → 2 × 10 = 20

12 × 10

(10 + 2) × 10 = 10 × 10 + 2 × 10 = 120

50

51쪽

갈라서 더하기 2단계

도전문제(5)

10 × 16

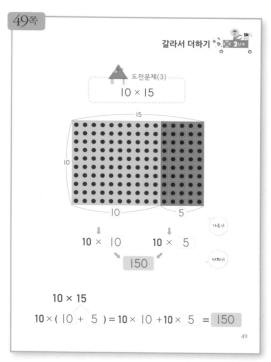

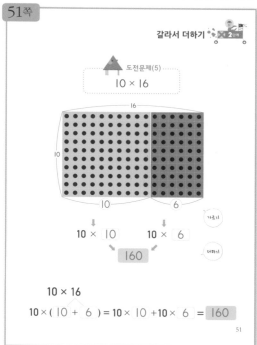

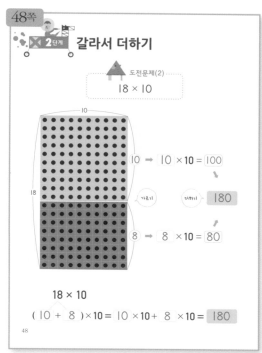

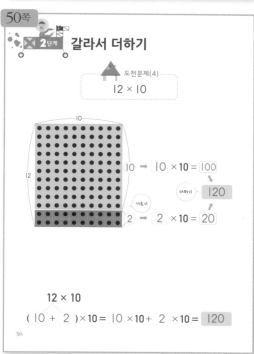

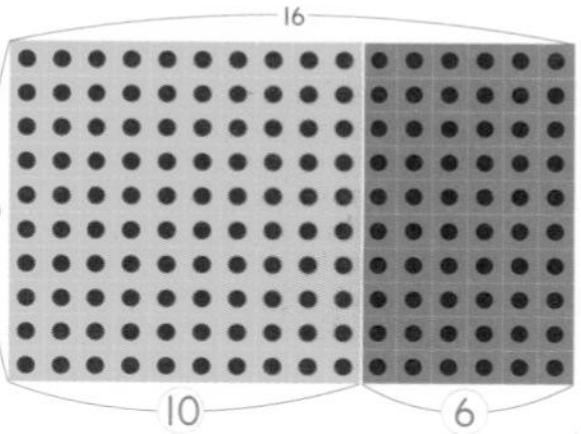

가르기

10 × 10 　 10 × 6

160

더하기

10 × 16

10 × (10 + 6) = 10 × 10 + 10 × 6 = 160

51

53쪽

갈라서 더하기 2단계

도전문제(1)

13 × 14

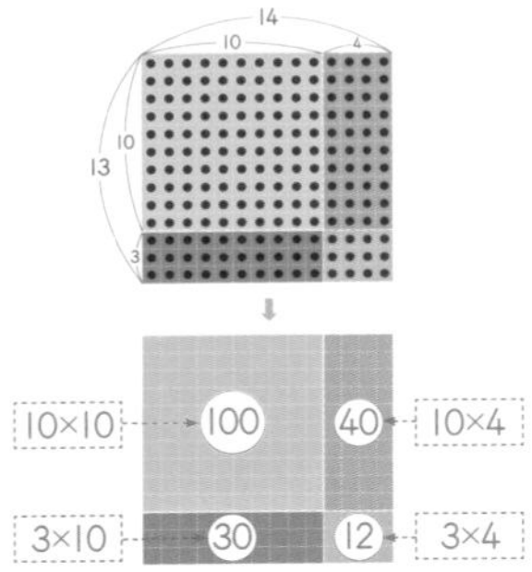

13×14= 100 + 40 + 30 + 12 = 182

53

54쪽

2단계 갈라서 더하기

도전문제(2)

16 × 18

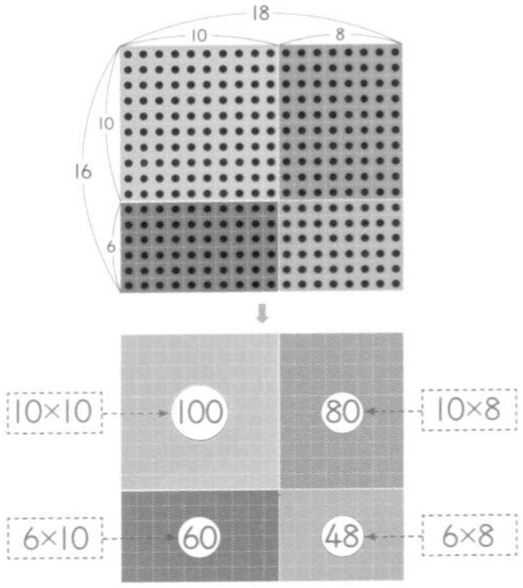

16×18= 100 + 80 + 60 + 48 = 288

54

55쪽

갈라서 더하기 2단계

도전문제(3)

15 × 19

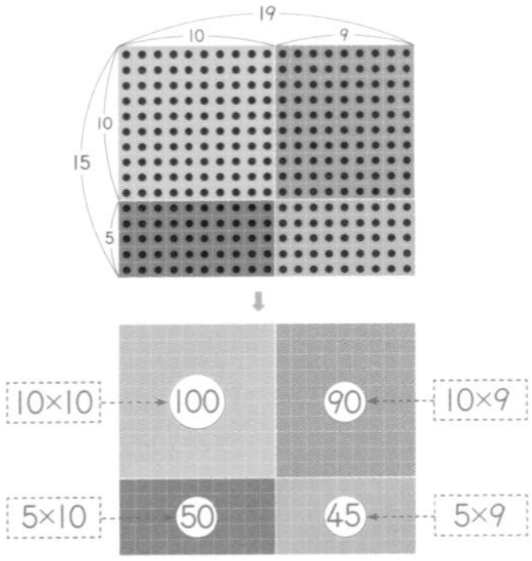

15×19= 100 + 90 + 50 + 45 = 285

55

56쪽

2단계 갈라서 더하기

도전문제(4)

17 × 16

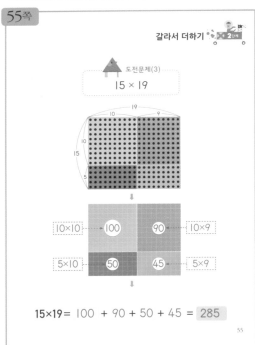

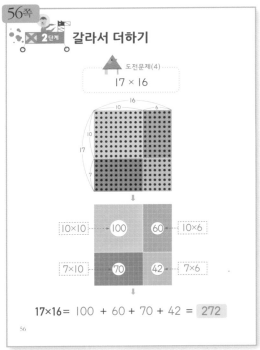

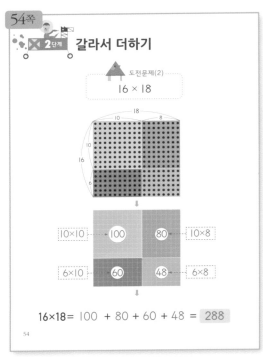

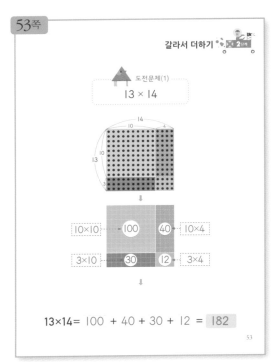

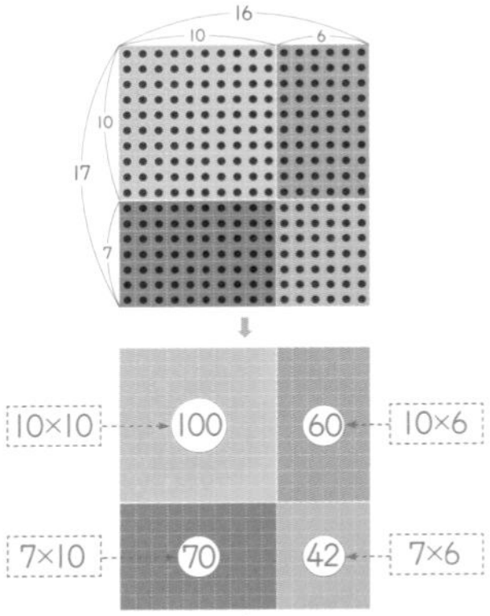

17×16= 100 + 60 + 70 + 42 = 272

56

59쪽

표 만들기 3단계

도전문제(1)

15 × 6

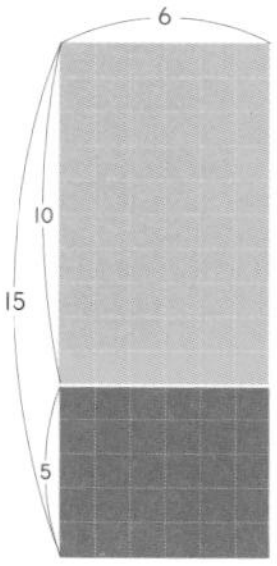

표 만들기

×	6
10	60
5	30

더하기

90

15 × 6 = 60 + 30 = 90

59

59쪽

3단계 표 만들기

도전문제(2)

7 × 13

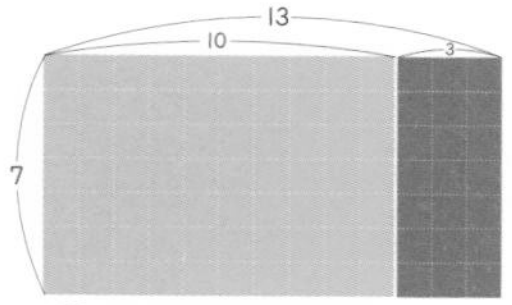

표 만들기

×	10	3
7	70	21

더하기

91

7 × 13 = 70 + 21 = 91

60

61쪽

표 만들기 3단계

도전문제(3)

17 × 6

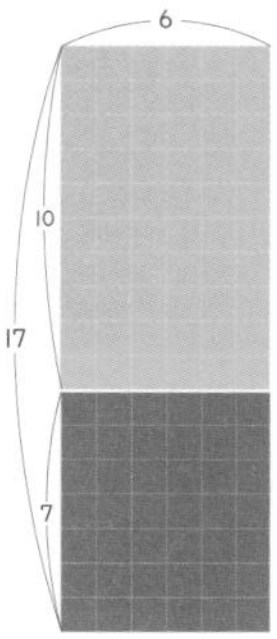

표 만들기

×	6
10	60
7	42

더하기

102

17 × 6 = 60 + 42 = 102

61

62쪽

3단계 표 만들기

도전문제(4)

9 × 13

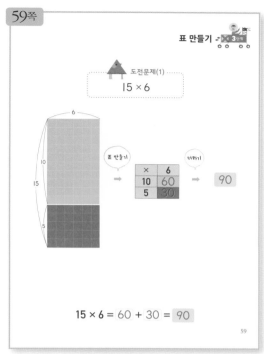

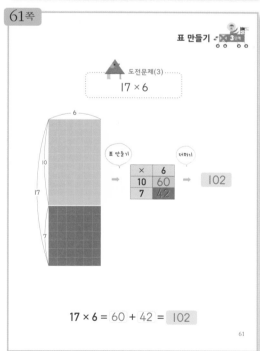

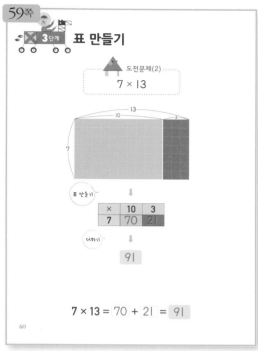

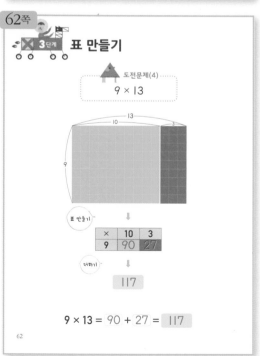

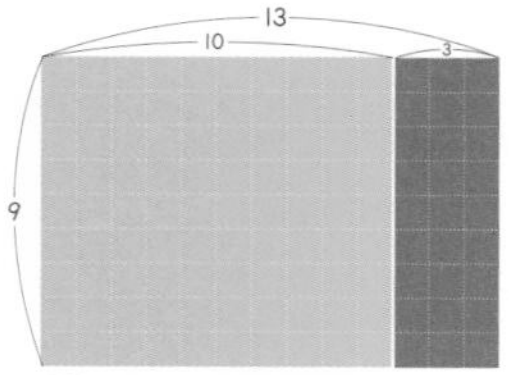

표 만들기

×	10	3
9	90	27

더하기

117

9 × 13 = 90 + 27 = 117

62

63쪽

표 만들기 3단계

도전문제(5)

15 × 5

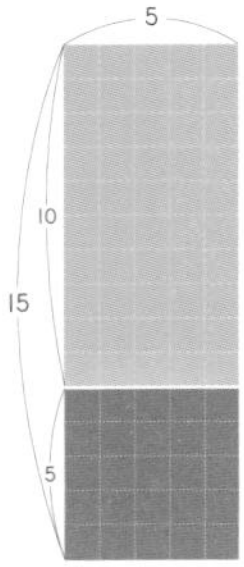

표 만들기 →

×	5
10	50
5	25

더하기 → 75

15 × 5 = 50 + 25 = 75

64쪽

3단계 **표 만들기**

도전문제(6)

6 × 18

×	10	8
6	60	48

더하기 → 108

도전문제(7)

16 × 9

×	9
10	90
6	54

더하기 → 144

65쪽

표 만들기 3단계

도전문제(8)

5 × 19

×	10	9
5	50	45

더하기 → 95

도전문제(9)

18 × 7

×	7
10	70
8	56

더하기 → 126

67쪽

표 만들기 3단계

도전문제(1)

125 × 8

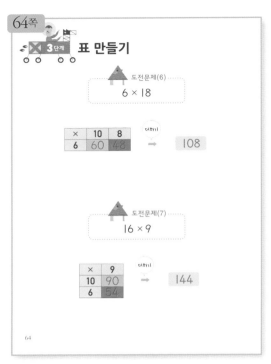

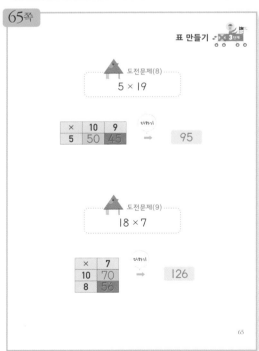

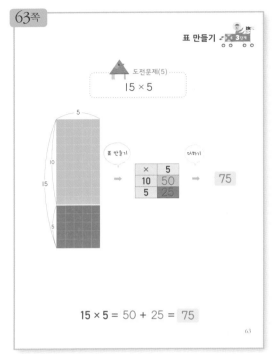

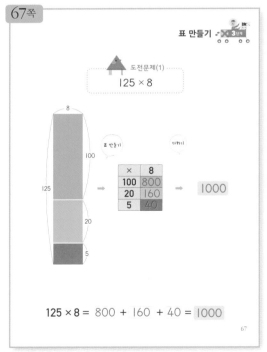

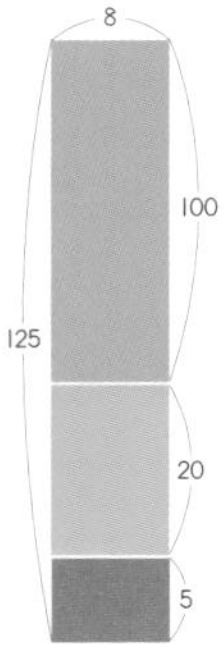

표 만들기 →

×	8
100	800
20	160
5	40

더하기 → 1000

125 × 8 = 800 + 160 + 40 = 1000

68쪽

3단계 표 만들기

도전문제(2)

6 × 154

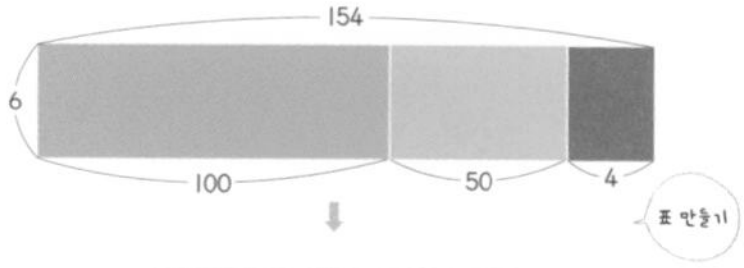

×	100	50	4
6	600	300	24

924

6 × 154 = 600 + 300 + 24 = 924

68

69쪽

표 만들기 3단계

도전문제(3)

177 × 7

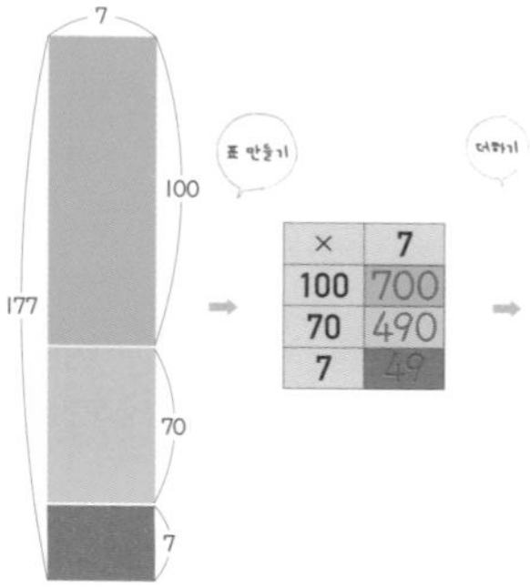

×	7
100	700
70	490
7	49

1239

177 × 7 = 700 + 490 + 49 = 1239

69

70쪽

3단계 표 만들기

도전문제(4)

9 × 146

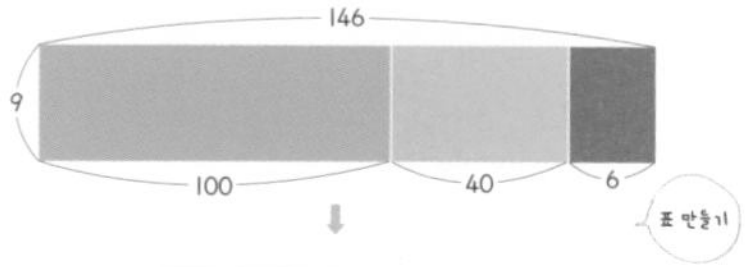

×	100	40	6
9	900	360	54

1314

9 × 146 = 900 + 360 + 54 = 1314

70

71쪽

표 만들기 3단계

도전문제(5)

103 × 8

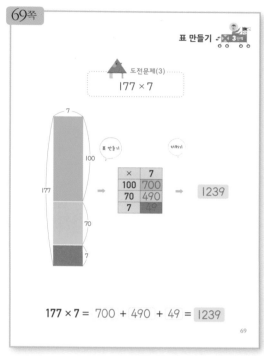

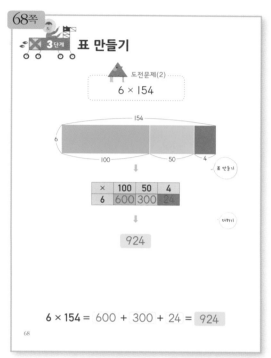

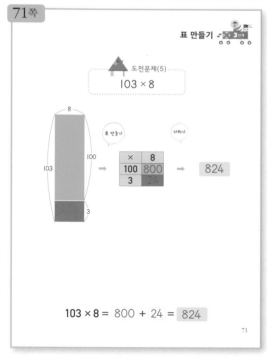

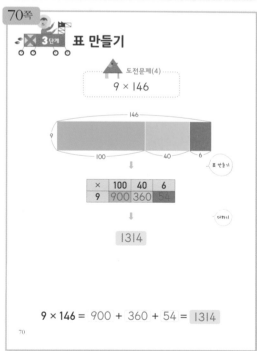

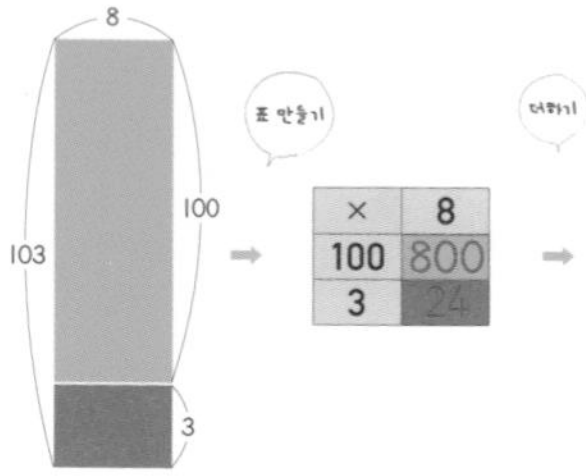

×	8
100	800
3	24

824

103 × 8 = 800 + 24 = 824

71

73쪽

표 만들기 3단계

도전문제(1)

13 × 15

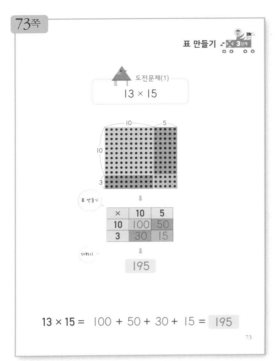

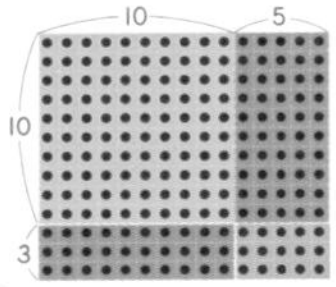

표 만들기

×	10	5
10	100	50
3	30	15

더하기

195

13 × 15 = 100 + 50 + 30 + 15 = 195

73

74쪽

3단계 표 만들기

도전문제(2)

13 × 16

×	10	6
10	100	60
3	30	18

더하기 → 208

도전문제(3)

16 × 14

×	10	4
10	100	40
6	60	24

더하기 → 224

도전문제(4)

13 × 19

×	10	9
10	100	90
3	30	27

더하기 → 247

74

75쪽

표 만들기 3단계

도전문제(5)

11 × 19

×	10	9
10	100	90
1	10	9

더하기 → 209

도전문제(6)

22 × 17

×	10	7
20	200	140
2	20	14

더하기 → 374

도전문제(7)

17 × 24

×	20	4
10	200	40
7	140	28

더하기 → 408

75

76쪽

3단계 표 만들기

도전문제(8)

29 × 13

×	10	3
20	200	60
9	90	27

더하기 → 377

도전문제(9)

18 × 28

×	20	8
10	200	80
8	160	64

더하기 → 504

도전문제(10)

13 × 22

×	20	2
10	200	20
3	60	6

더하기 → 286

76

77쪽

표 만들기 3단계

도전문제(11)

19 × 23

×	20	3
10	200	30
9	180	27

더하기 → 437

도전문제(12)

28 × 14

×	10	4
20	200	80
8	80	32

더하기 → 392

도전문제(13)

23 × 27

×	20	7
20	400	140
3	60	21

더하기 → 621

77

78쪽

3단계 표 만들기

도전문제(14)

37 × 17

×	10	7
30	300	210
7	70	49

더하기 → 629

도전문제(15)

48 × 15

×	10	5
40	400	200
8	80	40

더하기 → 720

도전문제(16)

52 × 45

×	40	5
50	2000	250
2	80	10

더하기 → 2340

78

79쪽

표 만들기 3단계

도전문제(17)

39 × 14

×	10	4
30	300	120
9	90	36

더하기 → 546

도전문제(18)

46 × 19

×	10	9
40	400	360
6	60	54

더하기 → 874

도전문제(19)

54 × 38

×	30	8
50	1500	400
4	120	32

더하기 → 2052

79

80쪽

3단계 표 만들기

연습문제(1)

① 11 × 14 = 154

×	10	4
10	100	40
1	10	4

② 16 × 12 = 192

×	10	2
10	100	20
6	60	12

③ 13 × 13 = 169

×	10	3
10	100	30
3	30	9

④ 12 × 19 = 228

×	10	9
10	100	90
2	20	18

⑤ 14 × 18 = 252

×	10	8
10	100	80
4	40	32

⑥ 15 × 13 = 195

×	10	3
10	100	30
5	50	15

⑦ 16 × 16 = 256

×	10	6
10	100	60
6	60	36

⑧ 19 × 11 = 209

×	10	1
10	100	10
9	90	9

80

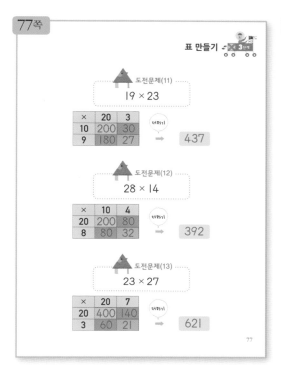

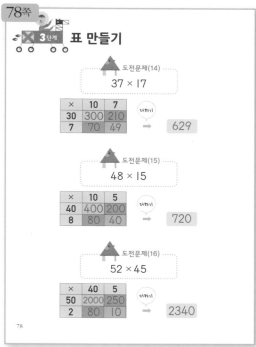

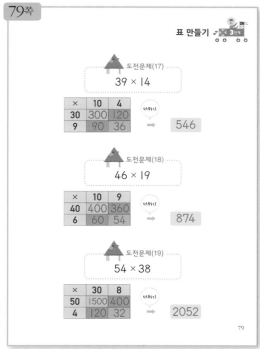

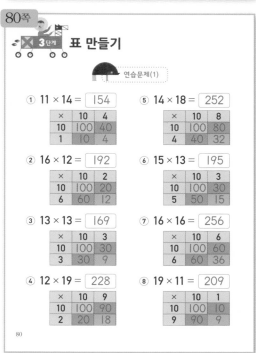

81쪽

표 만들기 3단계

연습문제(2)

① 21 × 13 = 273

×	10	3
20	200	60
1	10	3

② 16 × 25 = 400

×	20	5
10	200	50
6	120	30

③ 17 × 27 = 459

×	20	7
10	200	70
7	140	49

④ 15 × 24 = 360

×	20	4
10	200	40
5	100	20

⑤ 22 × 11 = 242

×	10	1
20	200	20
2	20	2

⑥ 26 × 15 = 390

×	10	5
20	200	100
6	60	30

⑦ 24 × 24 = 576

×	20	4
20	400	80
4	80	16

⑧ 28 × 19 = 532

×	10	9
20	200	180
8	80	72

81

82쪽

3단계 표 만들기

연습문제(3)

① 14 × 27 = 378

×	20	7
10	200	70
4	80	28

② 26 × 32 = 832

×	30	2
20	600	40
6	180	12

③ 33 × 47 = 1551

×	40	7
30	1200	210
3	120	21

④ 45 × 59 = 2655

×	50	9
40	2000	360
5	250	45

⑤ 51 × 62 = 3162

×	60	2
50	3000	100
1	60	2

⑥ 68 × 71 = 4828

×	70	1
60	4200	60
8	560	8

⑦ 75 × 82 = 6150

×	80	2
70	5600	140
5	400	10

⑧ 89 × 91 = 8099

×	90	1
80	7200	80
9	810	9

82

85쪽

암산하기 4단계

도전문제(1)

15 × 18

×	10	8
10	100	80
5	50	40

15 × 18 = 270

도전문제(2)

21 × 24

×	20	4
20	400	80
1	20	4

21 × 24 = 504

85

86쪽

4단계 암산하기

연습문제(1)

머릿속으로만 계산해서 답을 구하세요. 분 초

① 13 × 14 = 182
② 11 × 19 = 209
③ 15 × 12 = 180
④ 18 × 16 = 288
⑤ 13 × 18 = 234
⑥ 11 × 17 = 187
⑦ 12 × 16 = 192
⑧ 14 × 19 = 266
⑨ 13 × 17 = 221
⑩ 19 × 19 = 361
⑪ 16 × 14 = 224
⑫ 18 × 17 = 306
⑬ 14 × 13 = 182
⑭ 17 × 11 = 187
⑮ 16 × 17 = 272
⑯ 11 × 12 = 132
⑰ 19 × 11 = 209
⑱ 12 × 17 = 204
⑲ 18 × 14 = 252
⑳ 12 × 13 = 156

86

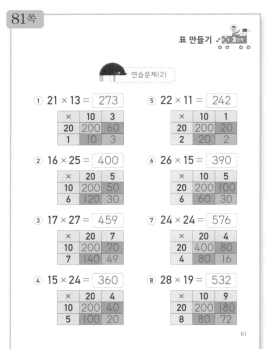

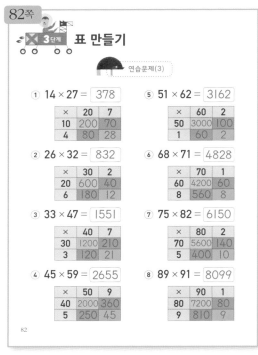

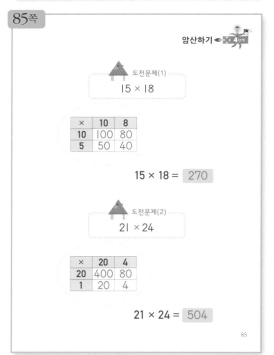

87쪽

암산하기 4단계

연습문제(2)

머릿속으로만 계산해서 답을 구하세요. 분 초

①	11 × 14 = 154	⑪	18 × 12 = 216
②	16 × 18 = 288	⑫	16 × 13 = 208
③	14 × 17 = 238	⑬	12 × 11 = 132
④	19 × 14 = 266	⑭	14 × 14 = 196
⑤	18 × 13 = 234	⑮	15 × 18 = 270
⑥	19 × 13 = 247	⑯	13 × 14 = 182
⑦	17 × 17 = 289	⑰	16 × 11 = 176
⑧	12 × 16 = 192	⑱	12 × 15 = 180
⑨	15 × 11 = 165	⑲	15 × 17 = 255
⑩	13 × 12 = 156	⑳	16 × 16 = 256

87

88쪽

4단계 암산하기

연습문제(3)

머릿속으로만 계산해서 답을 구하세요. 분 초

①	17 × 15 = 255	⑪	11 × 16 = 176
②	19 × 18 = 342	⑫	14 × 15 = 210
③	16 × 12 = 192	⑬	17 × 19 = 323
④	14 × 18 = 252	⑭	15 × 16 = 240
⑤	19 × 16 = 304	⑮	13 × 19 = 247
⑥	11 × 18 = 198	⑯	17 × 18 = 306
⑦	12 × 19 = 228	⑰	15 × 13 = 195
⑧	11 × 15 = 165	⑱	19 × 14 = 266
⑨	13 × 16 = 208	⑲	18 × 15 = 270
⑩	18 × 19 = 342	⑳	17 × 16 = 272

88

89쪽

암산하기 4단계

연습문제(4)

머릿속으로만 계산해서 답을 구하세요. 분 초

①	11 × 13 = 143	⑪	16 × 15 = 240
②	12 × 14 = 168	⑫	14 × 15 = 210
③	16 × 12 = 192	⑬	13 × 13 = 169
④	18 × 11 = 198	⑭	12 × 18 = 216
⑤	17 × 13 = 221	⑮	17 × 12 = 204
⑥	15 × 15 = 225	⑯	11 × 11 = 121
⑦	14 × 16 = 224	⑰	16 × 19 = 304
⑧	13 × 15 = 195	⑱	14 × 12 = 168
⑨	19 × 12 = 228	⑲	13 × 17 = 221
⑩	14 × 11 = 154	⑳	18 × 18 = 324

89

90쪽

4단계 암산하기

연습문제(5)

머릿속으로만 계산해서 답을 구하세요. 분 초

①	11 × 12 = 132	⑪	13 × 13 = 169
②	15 × 11 = 165	⑫	17 × 12 = 204
③	14 × 14 = 196	⑬	15 × 17 = 255
④	16 × 11 = 176	⑭	17 × 15 = 255
⑤	18 × 18 = 324	⑮	11 × 16 = 176
⑥	18 × 15 = 270	⑯	15 × 18 = 270
⑦	14 × 12 = 168	⑰	16 × 13 = 208
⑧	19 × 17 = 323	⑱	12 × 16 = 192
⑨	16 × 19 = 304	⑲	17 × 14 = 238
⑩	14 × 19 = 266	⑳	19 × 18 = 342

90

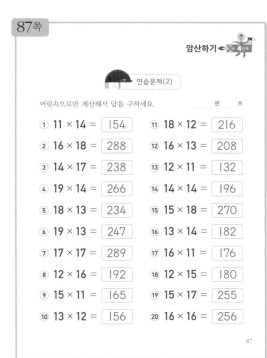

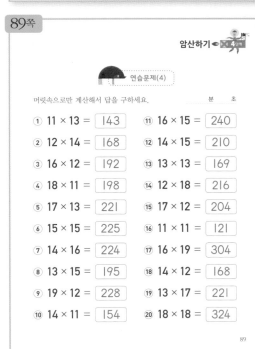